Das Buch

Wir alle sind Nutzniesser des wissenschaftlichen Fortschritts. Doch wie entsteht wissenschaftlicher Fortschritt? – Sind es einzelne hochbegabte Männer und Frauen, welche für den Fortschritt verantwortlich sind? – Wir kennen Namen wie Galilei, Newton, Marie Curie oder Einstein, die Grosses geleistet haben und heute Kultstatus besitzen. Doch sie konnten diese Leistungen nur erbringen, weil viele andere, meist unbekannte Menschen, enorme Vorarbeit geleistet haben. Die Zeit musste reif sein, und sie wurde reif, weil neue technische Möglichkeiten vorhanden waren, mit denen alte Vorstellungen über Bord geworfen werden konnten und so neuen Platz machten. Galilei konnte die Jupitermonde nur entdecken, weil die Kunst des Linsenschleifens damals einen hohen Stand erreicht hatte. Davon erzählt dieses Buch. – Aber wo sind die Grenzen des Wissens? – Gibt es eines Tages die Weltformel, mit der man alles erklären kann, oder bleibt unser Wissen Stückwerk? – Auch davon berichtet dieses Buch.

Autor

Otto Sager; Dr. sc. nat., geboren 1938 in Zürich, humanistisches Gymnasium in Einsiedeln, Studium der Physik an der ETH-Zürich. Tätigkeit als wissenschaftlicher Mitarbeiter am Institut für Hochfrequenztechnik der ETH, später Ingenieur-Physiker in der Industrie. Weiterbildung in Betriebswirtschaft (Stanford University, USA). Leiter der Stabsabteilung Planung und Organisation in einem schweizerischen Industriekonzern. Seit 1992 selbstständig als Unternehmensberater und in der Management - Ausbildung tätig. Lebt heute in Zollikerberg bei Zürich im Ruhestand.

Otto Sager

Technik als Motor des wissenschaftlichen Fortschritts

Zur Geschichte der Naturwissenschaften

Bibliografische Information der Deutschen Nationalbibliothek:
Die Deutsche Nationalbibliothek verzeichnet diese Publikation in der Deutschen Nationalbibliografie; detaillierte bibliografische Daten sind im Internet über http://dnb.dnb.de abrufbar.

© 2014 Otto Sager, Im Grossacher 17, CH-8125 Zollikerberg
Herstellung und Verlag: BoD - Books on Demand, Norderstedt
ISBN-13: 978-3-7357-1914-0
Titel der Originalausgabe:
Werkzeuge und Denkzeuge – Wissenschaftlicher Fortschritt aufgrund handwerklicher und technischer Entwicklungen.
Books on Demand GmbH, Norderstedt 2011.

Inhalt

Vorwort 7

1 **Weltbilder und Denkmuster** 12
Das naive Bild von der Wissenschaft - Werkzeuge und Denkvermögen - Priester und Philosophen – Revolutionen und Paradigmawechsel - Mathematik und Physik - Grundvoraussetzungen für wissenschaftlichen Fortschritt

2 **Handwerklich-technische Entwicklungen** 38
Von Euklid bis Leonardo da Vinci – Metallbearbeitung - Glasbearbeitung - Fotografische Technik - Licht- und Wärmequellen - Agrotechnik

3 **Verfahrenstechnik** 76
Dampfmaschinen - Chemische Verfahrenstechnik - Kältetechnik - Hochvakuumtechnik - Kristallziehen und Zonenschmelzen

4 **Automation und Kommunikation** 111
Automaten – Fernmeldetechnik - Computertechnik

5 **Trade-off – Technologien** 135
Die S-Kurve - Die Trade-offs der Energietechnik – Nanotechnologie - Genomik

6 **Denkzeuge** 150
Wo und wann braucht es Management? - Projektmanagement - Projektfinanzierung – Center of Excellence - Management komplexer Systeme

| 7 | **Wissenschaftlicher Fortschritt und Grenzen** | 168 |

Grenzen erweitern – Grenzen respektieren – Gesetzmässigkeiten - Babylonische Wissenschaften – Fortschrittsglaube

Anhang 204

Personenverzeichnis
Literaturverzeichnis
Stichwortverzeichnis

Vorwort

Im Jahre 2011 publizierte ich das Buch ‚Werkzeuge und Denkzeuge' mit dem Untertitel ‚Wissenschaftlicher Fortschritt aufgrund handwerklicher und technischer Entwicklungen'. Was Werkzeuge sind ist allgemein bekannt. Handwerker brauchen seit jeher Werkzeuge wie Zangen, Bohrer, Hammer und Schraubenzieher. Später baute man Werkzeugmaschinen, mit denen man komplizierte Gegenstände und Anlagen baute. In diesem Buch habe ich gezeigt, wie solche Fertigkeiten notwendig waren, damit man mit neueren Messtechniken und –methoden neuere Forschungen durchführen konnte. Die moderne Physik braucht aber immer grössere und aufwendigere Anlagen, um ihre Forschungen durchführen zu können. Man denke nur an den ‚Large Hadron Collider' im Forschungszentrum CERN bei Genf. Damit solche Grossanlagen realisiert werden können, braucht es ein professionelles Management. Dazu braucht es Denkzeuge, wie zum Beispiel die Instrumente des Projektmanagements. Der Begriff ‚Denkzeuge' fand in den 80er Jahren sowohl bei der Softwareentwicklung als auch beim vernetzten Denken im Management grosse Verbreitung Im Jahre 1987 publizierte Klaus Haefner et al. Im Birkhäuser Verlag ein Buch unter dem Titel ‚Denkzeuge'. Erstaunlicherweise konnte die Firma Chiemsee Denkzeuge GmbH im Jahre 1997 den Begriff ‚Denkzeuge' als Wortmarke in Deutschland schützen lassen. Da diese Firma 2014 gegen den Verkauf meines Buches mit dem obigen Titel Einspruch erhob, habe ich mich um Rechtsstreitigkeiten zu vermeiden nach Absprache mit dem Verlag BoD entschlossen, das Buch unter dem Titel ‚Technik als Motor des wissenschaftlichen Fortschritts' neu heraus zu geben. Dabei habe ich einige Kürzungen bei der Bildergalerie vorgenommen und die Zeittafeln weggelassen. In der Zwischenzeit habe ich ein weiteres Buch unter dem Titel ‚Physik in nullter Näherung' publiziert, welches vor allem die in Abschnitt 7 gemachten Aussagen vertieft. Die beiden Bücher ‚Technik als Motor des wissenschaftlichen Fortschritts' und ‚Physik in nullter Näherung' bedingen sich gegenseitig, auch wenn sie unabhängig voneinander gelesen werden können.

Zollikerberg, im April 2014   Otto Sager

Vorwort zu ‚Werkzeuge und Denkzeuge'

Wieso hat Galileo Galilei im Januar des Jahres 1610 vier Jupitermonde entdeckt? – Auf diese einfache Frage gibt es unterschiedliche Antworten. Hier einige Möglichkeiten:
- Weil Galilei ein Astronom war, der genau und systematisch arbeitete. Er beobachtete alle Planeten, und er entdeckte beim Jupiter die vier Monde.
- Weil Galilei ein überzeugter Anhänger des heliozentrischen Systems war. Er suchte nach einem Beweis, der seine Auffassung stützte.
- Weil Galilei ein streitbarer Mensch war. Ihm ging es nicht primär um wissenschaftliche Fragen. Er suchte nach Argumenten, um seine Gegner lächerlich zu machen, was er dann auch in seinem ‚Dialogo' ausführlich tat. So hiess der Vertreter des ptolemäischen Systems Simplicio, was die Absicht von Galilei deutlich zeigt.
- Weil Galilei das eben vom holländischen Brillenmacher Jan Lippershey erfundene Fernrohr kopierte. Er probierte aus, was man mit dem neuen Instrument alles sehen konnte.

Wenn auch alle Erklärungsversuche einen wichtigen Aspekt und eine bestimmte Wahrheit enthalten, so ist doch mit aller Deutlichkeit festzustellen, dass zuerst die hohe Kunst des Linsenschleifens soweit fortgeschritten sein musste, dass man Fernrohre bauen konnte. Es war also der handwerkliche, technische Fortschritt, der zu neuen wissenschaftlichen Erkenntnissen führte.

Ebenso bedeutend wie die astronomischen Beobachtungen ist die Vorgehensweise von Galilei. Die bis dahin vorherrschende Denkweise war philosophischer Natur und ging auf Aristoteles zurück. Dabei stand die Sinnfrage im Zentrum: Warum geschieht etwas? – Und Aristoteles gab dazu vier Ursachen an, die gleichzeitig wirkten.

Galilei fragte demgegenüber nicht mehr nach dem ‚warum'; er und später auch Newton fragten nach dem ‚wie'. Galilei war der erste moderne Experimentalphysiker, der von der Beobachtung ausging und so auch die Fallgesetze erforschte. Dabei scheute er sich auch nicht vor Aussagen, die dem gesunden Menschenverstand widersprachen. Und das ist bis heute so in der Physik. Wenn im Folgenden der Fokus mehr auf technische Entwicklungen und ihre Konsequenzen als auf die grossen Persönlichkeiten und ihre wissenschaftlichen Leistungen gelegt wird, so soll damit beim Leser vor allem das Verständnis für die geschichtlichen Vorgänge geweckt werden. Fundamentale Erkenntnisse sind dabei nicht zu erwarten, und ich kann auch keinen Anspruch auf Neuheit erheben.

Die erste Anregung, diesem Aspekt in der geschichtlichen Entwicklung nachzugehen, habe ich während meines Physikstudiums an der ETH in Zürich erhalten. Markus Fierz, Professor für theoretische Physik und ein sehr gebildeter Mann, verfiel während seiner Vorlesungen gerne ins Plaudern. Und so kam er auf die Kupferstiche von Albrecht Dürer zu sprechen. Er riet uns, diese genau zu betrachten. Wenn man die feinen Striche sehe, dann verstehe man, dass Tycho Brahe Instrumente bauen lassen konnte, die eine viel feinere Skaleneinteilung hatten als die älteren Exemplare. Damit waren auch viel genauere Daten über den Lauf der Gestirne möglich. Leider war es dann so, dass die Notizen aus der Vorlesung von Prof. Fierz zur Vorbereitung der Examina nicht sehr hilfreich waren. Ich musste deshalb ein Lehrbuch kaufen, das mich systematisch ins Fachgebiet einführte. – Heute, aus einiger Distanz, bin ich um beide Erfahrungen froh, um das Lehrbuch, auch wenn es suggeriert, dass die Wissenschaft eine rein logische Angelegenheit sei, und auf den Hinweis, dass wissenschaftliche Arbeit immer in einem gesellschaftlichen und kulturellen Kontext stattfindet. Die Bildung von Städten und das Aufblühen des Handwerks, das in den Zünften gepflegt wurde, sind dafür ein Beispiel. Auch die industrielle Revolution nach der Erfindung der Dampfmaschine zeigt diesen Zusammenhang. Diese Erfindung eröffnete dann ganz neue Wissensgebiete: die Thermodynamik und die Volkswirtschaftslehre.

Teil 1 und Teil 7 bilden den Rahmen zu diesem Buch. In Teil 1 wird gezeigt, wie Denkmuster entstehen und welche Folgen sie haben. Im siebten und letzten Teil versuche ich, die Grenzen aufzuzeigen, an die man mit der wissenschaftlichen Tätigkeit gestossen ist, und ich konnte es nicht lassen, auf die grossen Probleme und Fragen hinzuweisen, die wir als Menschheit bisher nicht zu lösen imstande waren. Die dazwischen liegenden Kapitel haben mehr erzählenden Charakter und reichen vom Handwerk über Physik bis zu modernen Techniken, wobei auch ein Abstecher ins Management nicht fehlt

Zollikerberg, Januar 2011   Otto Sager

(osager@hispeed.ch)

1

Weltbilder und Denkmuster

1.1 Das naive Bild von der Wissenschaft

Wenn man Leute auf der Strasse fragt, was Wissenschaft sei, so wird man meist keine genaue Antwort erhalten. Manche werden wissen, dass man für wissenschaftliche Leistungen in Physik, Chemie oder Medizin einen Nobelpreis bekommen kann, einige werden bekannte Namen von Wissenschaftlern wie Röntgen, Einstein oder Madame Curie nennen, und viele werden an den permanenten wissenschaftlichen Fortschritt glauben. Danach wäre der Lauf der Wissenschaft ein Prozess, bei dem Fakten, Theorien und Methoden gesammelt und kombiniert werden und die so zu neuen Erkenntnissen führen. Will man selbst ein Wissenschaftler werden, so muss man das gesammelte Wissen für das gewählte Fachgebiet genau studieren und die anzuwendenden Methoden erlernen. So sind auch die Studiengänge an den Universitäten aufgebaut.

Fragt man Fachleute oder zieht man ein Lexikon zurate, dann wird Wissenschaft *‚als System von methodisch gesicherten, objektiven Sätzen über einen Gegenstandsbereich'* definiert. Dabei soll anstelle einer naiven Erklärung der Wirklichkeit eine objektive Erfassung und Beschreibung vorgenommen werden. Wissenschaft wird zwar von Menschen gemacht. Im Gegensatz zu den Künstlern, seien es Musiker, Maler oder Dichter, interessiert das Leben der Wissenschaftler nur wenige. Sie gelten als seltsame Käuze, die in einem Elfenbeinturm leben und die den Kontakt zum normalen

Leben verloren haben. Je verschrobener desto genialer muss der Wissenschaftler sein. Zuoberst in der Hierarchie kommen die Theoretiker, zu denen der vergessliche Professor gehört. Er arbeitet gemäss dieser Vorstellung vor allem mit dem Kopf und findet durch Nachdenken neue Erkenntnisse. Diese können dann, falls es sich um Naturwissenschaften handelt, durch Experimente überprüft, verifiziert oder falsifiziert werden, und dann geht der abstrakte Denkprozess weiter. Aufbauend auf den Experimenten kann nachher überprüft werden, ob auch ein praktischer Nutzen aus diesem wissenschaftlichen Fortschritt gezogen werden kann. Wenn ja, führt das zu technischen Anwendungen und Erfindungen und dient dann der Allgemeinheit. Dies ist das naive Bild der Wissenschaft[1].

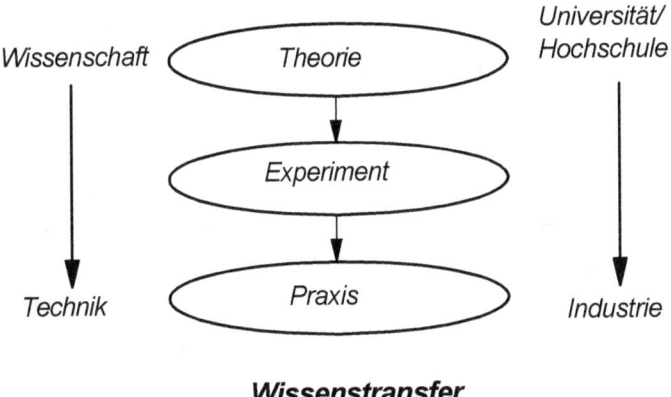

Abb. 1: Das naive Bild der Wissenschaft

Dieses Bild ist insofern naiv, dass heute die meisten Impulse zur wissenschaftlichen Forschung aus der Industrie kommen. Das Hauptmotiv der Industrie für die Zusammenarbeit mit den Hochschulen ist das Kennenlernen, junger, talentierter Forscher und Ingenieure.

Einen gänzlich anderen Ansatz entwirft T.S. Kuhn in seinem grundlegenden Werk ‚Die Struktur wissenschaftlicher Revolutionen'. Dabei zeigt er auf, dass die Geschichte der Wissenschaft kein kontinuierlicher Prozess ist. Der scheinbar gleichmässige Fluss wird – wenn die Zeit reif ist – durch Revolutionen unterbrochen, die sogar zu einem neuen Weltbild führen können. Die Wirklichkeit kann demnach nie durch eine Theorie vollständig eingefangen und erklärt werden, und es ist die Praxis, die immer wieder zu Korrekturen führt. In diesem Buch wird diese Sicht der Dinge an verschiedenen Beispielen erläutert. Am bekanntesten sind die kopernikanische Revolution aufgrund genauerer Beobachtungen und Messungen und die industrielle Revolution durch die Erfindung der Dampfmaschine. Ebenso bedeutend ist die Siliziumtechnologie, wodurch erst die Verbreitung der Computer und des Internets möglich wurde.

Seit Urbeginn versuchen die Menschen gemäss dem biblischen Auftrag, sich ‚die Erde untertan' zu machen und sie zu beherrschen. Dazu braucht der Mensch nicht nur seinen Geist, sondern auch die Arbeit seiner Hände, die durch die Entwicklung von Werkzeugen erleichtert wird. Und so war es die Entwicklung neuer und besserer Werkzeuge und Vorrichtungen, welche die tägliche Praxis verbessert hat. Und mit Hilfe solcher Werkzeuge waren oft Beobachtungen und Messungen möglich, die dann wissenschaftliche Theorien zum Einsturz brachten.

1.2 Werkzeuge und Denkvermögen

Ähnlich wie die Vorstellungen von der Wissenschaft sind die gängigen Ansichten über das Denkvermögen des Menschen. Wir kennen die Schöpfungsgeschichte der Bibel, nach der Gott den Menschen nach seinem Ebenbild geschaffen und ihm die Seele eingehaucht hat. Diese Aussage mit tief religiöser Bedeutung soll hier nicht in Zweifel gezogen werden. Die Botschaften der Bibel sind aber keine naturwissenschaftlichen Erkenntnisse. Demgegenüber kann die Evolutionslehre Anspruch auf Wissenschaftlichkeit erheben. Wie kam es aber zur Entwicklung des Grosshirns, auf der das Denkvermögen des Menschen basiert? Hat sich aufgrund des Zufalls zuerst das Grosshirn gebildet, wodurch der Mensch fähig wurde, Werkzeuge zu gebrauchen? – Die Evolutionsgeschichte lehrt uns heute eine andere zeitliche Abfolge. Der evolutionäre Vorteil gegenüber den Menschenaffen ergab sich durch die Entwicklung des opponierenden Daumens. Dadurch war und ist ein festes Zugreifen mit der Hand möglich, eine Voraussetzung für das Benutzen von Werkzeugen und für präzise Feinarbeit. Um den Gebrauch dieser Werkzeuge immer besser koordinieren zu können, entwickelte sich im Verlaufe der Jahrtausende das Grosshirn und mit ihm das Denkvermögen. Dabei ergab sich eine wechselseitige Beziehung: Je besser der Gebrauch der Werkzeuge wurde, desto besser entwickelte sich das Hirn, und je besser das Denkvermögen wurde, desto besser konnten Werkzeuge gebraucht und neue entwickelt werden.

Im Rahmen der Ausführungen dieses Buches geht es um diese Art von Wechselwirkungen, wobei sowohl Fortschritte aufgrund des abstrakten Denkens als auch aufgrund besserer manueller und technischer Fähigkeiten erzielt wurden. Dabei soll das Augenmerk vor allem auf den zweiten Fall gelegt werden, da dies den meisten Lesern weniger bewusst ist. Damit soll gezeigt werden, dass wissenschaftlicher Fortschritt nicht nur das Resultat genialer Leistungen einiger Weniger ist, sondern auch das Resultat vieler Entwicklungen und Verbesserungen durch Menschen, deren Namen längst vergessen gegangen sind.

1.3 Priester und Philosophen

Sammler, Jäger und Ackerbauern schufen sich in der Folge Werkzeuge für ihren Gebrauch. Sammler waren wohl die Ersten, die Pflanzen in Kategorien einordnen konnten – essbar, ungeniessbar, giftig – und die ihr Wissen auch weiter gaben und so den Kern zur phänomenologischen Betrachtung der Naturerscheinungen legten. Ihre Nachkommen sammeln noch heute Heilkräuter und setzen sie im Rahmen der Alternativmedizin erfolgreich ein.

Jäger brauchten Materialkenntnisse, um wirksame Speere in grösserer Zahl herzustellen, die sie sehr bald auch für kriegerische Zwecke benutzten. Ackerbauern fingen an, Pflanzen und Tiere zu züchten und brauchten Vorratskammern für ihre Früchte. Sie verstanden dadurch intuitiv Statik und Baukunst.

Sammler, Jäger und Ackerbauern fingen aber auch an, nachzudenken und sich Fragen zu stellen, Fragen zu Geburt, Leben und Tod, zu Glück und Unglück, Schicksal und Umwelt. Antworten fanden sie in Mythen und Göttern, die über den Menschen standen. Es brauchte Priester als Vermittler zwischen den Göttern und Menschen und es entstanden Kulte und Rituale. Priester nahmen immer eine besondere Rolle ein, den sie sagten, was der Wille der Götter sei. An ihrer Autorität durfte man nicht zweifeln und ihre Antworten erhoben den Anspruch auf endgültige Wahrheit.

Dann entstanden Kulturen und Staaten, die das Zusammenleben der Menschen durch Normen und Gesetze regelten[2]. Auch hier wurden zuerst die Priester und dann die Beamten mit der Verwaltung betraut, die so ihre Vormachtstellung weiter ausbauen konnten. Es gab aber auch immer wieder Leute, die trotz der Antworten der Priester weiter Fragen stellten. Dass diese Philosophen ihre Fragerei mit dem Leben bezahlen mussten, war schon in der Antike so, und Sokrates musste wegen angeblicher Gottlosigkeit und Verführung der Jugend den Schierlingsbecher trinken.

Die Philosophen entwickelten ihre Weltsicht, hatten ihre modellhaften Vorstellungen und beobachteten aus diesem Blickwinkel die Natur. So konnten sie auch Theorien zu physikalischen Vorgängen entwickeln und sie dachten über Ursache und Wirkung nach. Gemäss Sokrates sollte sich die Philosophie vor allem mit ethischen und politischen Fragen auseinandersetzen. Das Verständnis und die Beobachtung der Naturvorgänge hielt er für unwichtig. Platon orientierte sich stark an den Auffassungen der Pythagoräer, für die Zahlen mythischen Charakter hatten. Himmelskörper mussten demnach göttliche und unvergängliche Wesen sein, deren Bewegungen vollkommen gleichmässig und kreisförmig verliefen. Bekannt ist Platons Höhlengleichnis. Menschen können zwar nur die Schatten von Gegenständen oder Lebewesen erkennen. Das wahre Ich dieser Erscheinungen (ihre Idee) ist einmalig und unveränderlich. Aristoteles übernahm von Anaximandros die Lehre von den vier Elementen, aus denen alle Dinge der Natur zusammengesetzt seien: Erde, Wasser, Luft und Feuer. Ebenso vertrat er die Lehre des Hippokrates, der die Vier-Säfte-Lehre als die Basis der Medizin ansah: Blut, Schleim, schwarze und gelbe Galle.

Aristoteles teilte die Lebewesen in drei Klassen ein: Pflanzen mit einer vegetativen Seele, Tiere mit einer animalischen Seele und Menschen mit einer Vernunftsseele. Diese Lehren wurde später dann von Claudius Galenus weiter verfeinert. Er vertrat die Ansicht, dass der nützliche Teil der aufgenommenen Nahrung über die Leber geleitet und dort zu dunklem Blut verarbeitet würde. Unbrauchbare Stoffe würden zur Milz wandern und dort in schwarze Galle umgewandelt. Auch über die Atmung und die Herztätigkeit machte er Aussagen, die heute nur schwer nachvollziehbar sind. Seine Vorstellungen waren aber äusserst einflussreich und beherrschten die Medizin durch das ganze Mittelalter hindurch. Aristoteles nahm an, dass die Substanz des Himmels von der irdischen Materie absolut verschieden sei. Er vertrat die Auffassung, dass irdische Körper nur so lange in Bewegung gehalten werden können, wie sie in unmittelbarer Berührung zu einem auf sie einwirkenden Beweger stünden. Wenn zum Beispiel ein Stein von seinem Katapult abgeschossen wurde, dann wurde der Stein nach dieser Auffassung durch die Luft in Bewegung gehalten, welche hinter ihm her strömte, um die Bildung eines Vakuums zu verhindern. Ein Vakuum konnte nach seiner Lehre nicht existieren, da der Raum immer mit Materie gefüllt sein musste. Aristoteles war aber nicht ein Philosoph, der nur in geistigen Höhen schwebte. Er machte sich auch die Mühe, Insekten und andere Tiere zu beobachten und zu beschreiben. Etwas verwirrend sind die Ansichten von Aristoteles zur Kausalität. Er unterscheidet zwischen der Materialursache, der Formalursache, der Wirkursache und der Zweckursache. Die Zweckursache kennen wir heute höchstens noch bei den Zielen, die in einem konkreten Projekt verfolgt werden sollen. Im täglichen Leben geht man aber immer noch von der Wirkursache aus: Alles, was geschieht, hat seinen hinreichenden Grund. Bis heute hat Aristoteles grosse Bedeutung durch seine ethischen Forderungen. Nach ihm sind Gerechtigkeit, Klugheit, Tapferkeit und Mass die vier Kardinaltugenden, die zum ethisch sinnvollen Leben gehören. Das Weltbild des Aristoteles wurde später noch ergänzt und abgerundet durch das kosmologische Modell des Ptolemäus.

Aristoteles und mit ihm Galenus und Ptolemäus erlitten das Schicksal, dass sie nicht mehr wegen der von ihnen aufgeworfenen Fragen, sondern wegen ihrer Antworten zu unanfechtbaren Autoritäten wurden. Dadurch nahmen sie eine ähnliche Stellung wie die Priester ein. Mit der Christianisierung des Abendlandes standen die Bibel und ihre Auslegung durch die Kirche im Zentrum des Denkens und Handelns. Als dann im Hochmittelalter Thomas von Aquin sein theologisches Gebäude aufbaute, welches die christliche Theologie und die Aristotelik in sich vereinigte, hatten die römische Kirche und ihre Leiter, die Päpste, nun ein geschlossenes Werk in der Hand, mit dem man über ‚richtig' und ‚falsch' entscheiden konnte. Thomas war im Gegensatz zu seinem Lehrer Albert der Grosse kein Philosoph, der Fragen stellte, er war Theologe, der endgültige Antworten geben wollte. Beide gehörten dem damals noch jungen Dominikanerorden an.

Die von ihnen entwickelten Vorstellungen standen in Konkurrenz zur Theologie und Philosophie eines Roger Bacon und William Ockham, die beide dem auch noch jungen Orden der Franziskaner angehörten. Bacon vertraute nicht blind den Autoritäten. Für ihn war Erfahrung (heute würden wir sagen ‚das Experiment') ebenso eine wichtige Quelle der Erkenntnis. Der etwas jüngere William Ockham, dessen Anschauungen auf dem

Nominalismus basierten, bevorzugte zur Erklärung von Phänomenen jeweils das einfachste mögliche Modell[3]. Er vertrat unter anderem die Impetustheorie, nach der ein bewegter Körper einen Impetus besitze, der dann im Laufe der Bewegung aufgezehrt würde. Was sich heute so harmlos anhört, hatte aber damals ungeheure Sprengkraft. Damit wurde der Gottesbeweis von Thomas infrage gestellt, der von Aristoteles ausgehend behauptete, dass es einen ersten Beweger der Himmelskörper brauchen würde. Und das konnte nur Gott sein. Dieser habe – so nahm man an – eine ganze Engelhierarchie (Cherubine, Seraphine usw.) damit beauftragt, die Himmelssphären in Bewegung zu halten. Nach Ockham brauchte es keine Engel, da die Planeten ihren Impetus bei der Schöpfung erhalten hätten. Die aufgeworfenen Fragen wurden aber nicht durch Diskussionen und Argumente zwischen den beiden Schulen entschieden. Viel bedeutender war der Armutsstreit zwischen den Franziskanern und der päpstlichen Kurie. Der Ordensgeneral Michael von Cesena war der Meinung, Armut müsse für die Kirche ein Gebot sein, da Christus arm war. Papst Johannes XXII war aus naheliegenden Gründen anderer Ansicht und sprach Thomas von Aquin heilig, womit der Fall entschieden war[4].

Aristoteles und die biblische Offenbarung blieben für viele Jahre nicht nur die Richtschnur für christliches Leben und ethisches Verhalten, sondern sie waren auch Anleitung und Unterweisung zu allen wissenschaftlichen Fragestellungen. Das von Thomas vollendete Weltbild wurde von Leuten wie Francis Bacon, Galilei, Lavoisier oder Darwin mehrfach erschüttert, wobei dies nicht ohne heftige Nebengeräusche abging.

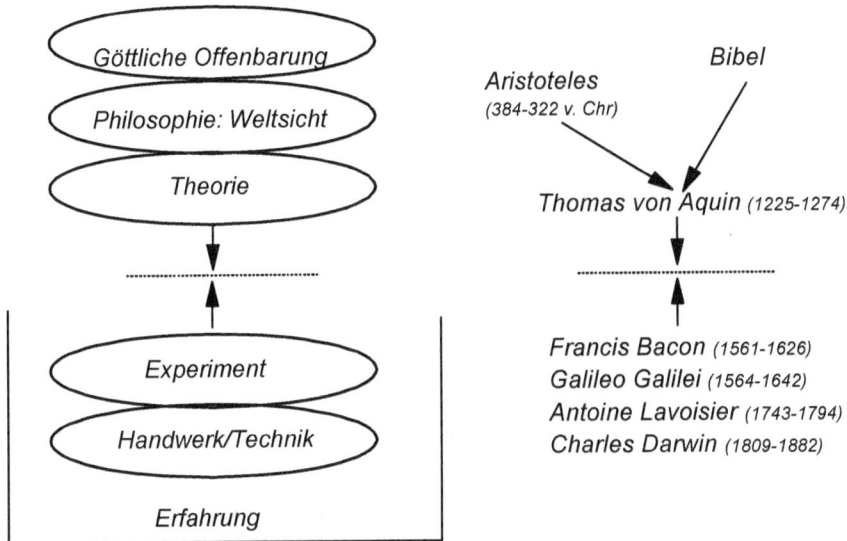

Das mittelalterliche Weltbild der Scholastik
und seine Erschütterungen durch neue Erkenntnisse

Abb. 2: Weltsicht oder Erfahrung?

1.4 Revolutionen und Paradigmawechsel

Handwerk und Technik basieren zuerst auf Erfahrung. Erfahrung geht über das rein phänomenologische Erfassen und Katalogisieren von Beobachtungen hinaus. Aus Erfahrung weiss man, wie man Werkzeuge herstellen und benutzen kann. Vieles lernt man durch Versuch und Irrtum, wobei man merkt, welche Materialien die gewünschten Eigenschaften haben und wie die Werkzeuge zu formen sind. Damit verbunden sind technische Experimente, wobei Regeln und Gesetzmässigkeiten abgeleitet werden können.

Wissenschaftliche Theorien gehen demgegenüber von Denkmustern oder – wie T.S. Kuhn sagt – von Paradigmen aus. Sie haben damit die gleiche Tendenz wie die Theologie und die Philosophie und führen zu ähnlichen Verhaltensweisen. Das Paradigma leitet die Fachleute oder Wissenschaftler an, welche noch ungelösten Probleme mit welchen Methoden gelöst werden sollen, damit sie im Einklang mit dem Paradigma oder dem vorherrschenden Denkmuster stehen. Dabei darf das vorhandene Weltbild nicht infrage gestellt werden. Dies bezeichnet Kuhn als die ‚*normale Wissenschaft*', die oft über lange Jahre erfolgreich Antworten auf die sich stellenden Fragen liefert. Der Wert des Paradigmas liegt nicht so sehr in der Prognose; er liegt darin, dass die zu lösenden Probleme, die zu lösenden Rätsel eingeschränkt werden und dass sich Regeln herausbilden, mit denen die Rätsel erfolgreicher gelöst werden können als mit anderen konkurrierenden Methoden[5]. Während des Vorherrschens einer normalen Wissenschaft erfolgen eine stetige Ausweitung des Wissens und eine immer höhere Exaktheit der wissenschaftlichen Messungen und Daten. Es ist eine Periode des Sammelns und des Katalogisierens von Phänomenen und Erkenntnissen, die aufgrund des Paradigmas schlüssig erklärt werden können. Die dazugehörige philosophische Theorie, der viele und bekannte Naturwissenschaftler anhängen, wird als logischer Positivismus bezeichnet. Nach Karl Popper besteht die Logik in der Forschung darin, dass Hypothesen aufgestellt werden, die sich dann durch Experimente testen lassen. Die Hypothese ist solange von Wert, als sie durch die Experimente bestätigt und verifiziert wird. Kann in einem Experiment gezeigt werden, dass die Hypothese falsch ist, so bringt diese Falsifizierung einen Fortschritt in der wissenschaftlichen Erkenntnis, und man kann eine neue, bessere Hypothese aufstellen.

Hypothesen, Paradigmen und Denkmuster (man könnte auch von ‚Denkzeugen' sprechen) führen stets zu einem deduktiven (top-down) Vorgehen. Demgegenüber steht die induktive Methode (buttom-up), die aus der Erfahrung ein allgemeines Prinzip (oder Paradigma) ableiten will[6]. Der Ansatz von Kuhn geht aber über das rein Methodische hinaus. Er geht von neuen Beobachtungen und scheinbar paradoxen Erscheinungen aus, die weder durch das vorherrschende Paradigma erklärt noch durch die üblichen Methoden der Wissenschaft entdeckt wurden. Solche paradoxe Phänomene wurden in den Naturwissenschaften oft durch neue, bessere Messmethoden entdeckt, die darauf beruhen, dass bessere technische Hilfsmittel zur Verfügung standen, die ein genaueres Beobachten ermöglichten. Man denke nur an Galileis Fernrohr, mit dem er die Jupitermonde beobachten konnte. Technische Entwicklungen sind deshalb in vielen Fällen eine Voraussetzung für wissenschaftlichen Fortschritt.

Ein Paradigma, das nicht mehr genügend Erklärungen liefert, führt die Gesellschaft, die einem solchen Denkmodell anhing, zwangsläufig in die Krise. Die gemachten neuen Entdeckungen und Erklärungen benötigen andere Modellvorstellungen, oft auch andere Wertvorstellungen und sie lösen wissenschaftliche Revolutionen aus. Dabei sind Konflikte zwischen der alten und der neuen Weltanschauung unausweichlich und sie werden mit grosser Heftigkeit ausgetragen. Dies führte zum Beispiel im Falle von Galilei zur Verurteilung durch die Kirche, in andern Fällen zu jahrelangen Streitigkeiten und unfruchtbaren Diskussionen zwischen den Gelehrten. Dabei verwendete jede Gruppe zur

Verteidigung ihrer Position ihr eigenes Paradigma, was von der anderen nie akzeptiert werden konnte. Man könnte meinen, dass durch Logik und experimentelle Beweise ein objektiver Entscheid über das ‚richtige' Paradigma gefällt werden könne. Dies ist aber nicht so, da die Anhänger verschiedener Paradigmen die Welt durch eine andere Brille sehen.

Schon in der normalen Wissenschaft ist es eine grosse Kunst, Experimente so aufzubauen, dass sie ‚objektiv' richtige Resultate liefern. Mit der Verfeinerung der Messtechnik sollten an sich die Messfehler immer kleiner werden. Dabei wird mit jedem Experiment eine Frage an die Natur gestellt. Je nach Art der Fragestellung erhält man aber unterschiedliche Antworten, was vor allem in der Quantenphysik offensichtlich ist. Auch in der klassischen Physik sind das geplante Experiment und die daraus gefundenen Messresultate nie streng objektiv. Kuhn bemerkt dazu: *„Was während einer wissenschaftlichen Revolution geschieht, kann nicht vollständig auf eine neue Interpretation einzelner und stabiler Daten zurückgeführt werden. Zunächst einmal sind Daten nicht eindeutig stabil. Ein Pendel ist kein fallender Stein und Sauerstoff ist keine entphlogistizierte Luft. Folglich sind die von Wissenschaftlern gesammelten Daten über diese unterschiedlichen Objekte an sich schon verschieden."*

Es braucht deshalb Zeit, bis die Anhänger des neuen Paradigmas in der Mehrzahl sind und dann den weiteren Gang der Wissenschaft bestimmen.[7] Dies ist nicht nur in den sogenannten ‚exakten Wissenschaften' so, auch in den Geisteswissenschaften gibt es das gleiche Phänomen. So werden zum Beispiel historische Tatsachen stets aufgrund des gerade vorherrschenden Denkmusters beschrieben und interpretiert. Die gleichen Vorkommnisse werden deshalb zu verschiedenen Zeiten oft gänzlich unterschiedlich dargestellt und bewertet. ‚Objektivität' gibt es streng genommen nur innerhalb eines Paradigmas.

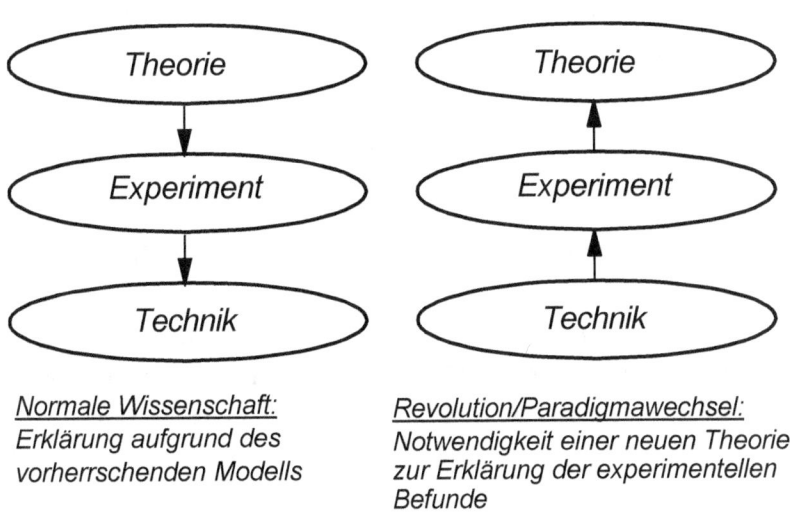

Normale Wissenschaft:
Erklärung aufgrund des
vorherrschenden Modells

Revolution/Paradigmawechsel:
Notwendigkeit einer neuen Theorie
zur Erklärung der experimentellen
Befunde

Abb 3: Normale Wissenschaft und Paradigmawechsel

Es lohnt sich deshalb, der Frage nachzugehen, wie handwerkliche und technische Entwicklungen dazu führten, dass neuere, bessere Beobachtungen gemacht werden konnten, wodurch alte Denkmuster überholt wurden und nachher neuen Platz machen mussten. Dabei spielen vor allem Erfindungen, aber auch Entdeckungen eine entscheidende Rolle. Erfindungen sollen hier für grosse und kleine Schritte stehen, die das handwerkliche und technische Können verbessert und verfeinert haben. Der Schutzgott der meisten Erfinder war sicherlich Mars. Viele wichtige und grosse Erfindungen dienten kriegerischen Zwecken. Das war schon so bei Archimedes, aber auch bei Leonardo da

Vinci. Auch Radar und Weltraumtechnik als Beispiele aus neuerer Zeit hatten einen militärischen Beweggrund. Nebst Mars hat auch Merkur den Erfindungen Pate gestanden, wollte und will man doch durch Patente sich einen wirtschaftlichen Vorteil sichern. Venus und Minerva standen und stehen als Motivatorinnen im Hintergrund, was sehr zu bedauern ist.

1.5 Mathematik und Physik

Hier sei ein kurzer Hinweis auf die Bedeutung der Mathematik in der Physik gestattet. Die Mathematik hat sich schon mit Euklid und Pythagoras zu einer selbstständigen Wissenschaft entwickelt, die um ihrer selbst willen betrieben wird. Die Schönheit geometrischer Formen und stereometrischer Körper beflügelte den Geist der Antike, wobei auch die Gestirne solchen Bahnen folgen mussten. Euklid hat gezeigt, dass alle geometrischen Theoreme von einem Satz besonders einfacher Axiome abgeleitet werden können. Die selbstständige mathematische Wissenschaft geht bis heute von Axiomen aus und konzentriert sich auf Beweise innerhalb des Systems dieser Axiome. Feynman bezeichnet dies in seinem berühmten Buch ‚Vom Wesen physikalischer Gesetze' als die griechische Tradition der Mathematik. Daneben weist er auf die babylonische Tradition hin. Sie ist eine Ansammlung von Beispielen und Tabellen, wie man etwas berechnen kann. Diese Anleitungen halfen vor allem bei astronomischen Berechnungen. Feynman stellt fest, dass die Physiker meist die babylonische Methode bevorzugen. Dazu schreibt er: *„Die Mathematiker befassen sich nur mit der Struktur der Schlussfolgerungen; worüber sie reden, kümmert sie im Grunde wenig. ....Der Physiker dagegen verbindet mit all seinen Sätzen eine Bedeutung."* Dabei greifen die Physiker stets auf die Mathematik zurück, da sie sowohl

Sprache als auch Logik ist. Stellt sich also ein physikalisches Problem, so schaut sich der Physiker bei den Mathematikern um, ob sie ihm eine passende Hilfe anbieten können. Bekanntestes Beispiel ist Einstein: Für die Spezielle Relativitätstheorie griff er auf die Vorarbeiten von Lorentz und Poincaré zurück.

Seit der Antike bis weit in die Neuzeit hat die euklidische Geometrie das Denken und die Vorstellungen der Menschen beherrscht. In ihr sah man die Basis für die Beschreibung des Raumes und der grosse Königsberger Philosoph Immanuel Kant verlieh ihr, wie auch der Zeit, einen ‚a priori'-Status, der keinesfalls durch Erfahrungen relativiert werden kann. Es war dann ein anderer Königsberger, David Hilbert, der die nicht-euklidische Geometrie entwickelte und so Euklid den allein gültigen Status entzog. Die Weiterentwicklung führt zu der Riemannschen Geometrie, die mehr als drei Dimensionen zuliess. Diese benutzte Einstein im Rahmen der Allgemeinen Relativitätstheorie für seine Raum-Zeit. Hilbert hatte also ein jahrtausendealtes Paradigma gestürzt oder – besser gesagt – auf seine Nützlichkeit zurück gestuft. Wie viele Revolutionäre hat er ein anderes Paradigma in die Welt gesetzt, das bis heute viele Anhänger hat. Er war fest davon überzeugt, dass jedes mathematische Problem eine Lösung haben werde, die nur noch gefunden werden müsse. In einer berühmten Rede, die er 1900 vor einem Mathematikerkongress in Paris hielt, formulierte er das wie folgt: „*Wir hören in uns den steten Zuruf: Da ist das Problem, suche die Lösung. Du kannst sie durch reines Denken finden, denn in der Mathematik gibt es kein Ignorabimus*[8]." Es war dann Kurt Gödel, der 1931 erkannte, dass sich in der Mathematik nicht alles beweisen lässt. Es gibt mathematisch unbeweisbare Sätze[9]. Diese Grenze des menschlichen Wissens ist so fundamental wie etwa die Heisenbergsche Unbestimmtheitsrelation, nach der man Ort und Zeit eines atomaren Teilchens nicht gleichzeitig wissen kann.

Ein Problem, das sowohl Mathematiker und Physiker beschäftigte, sind die Erhaltungssätze. Physikalisch gesprochen wird eine Grösse (z. B. die Energie) erhalten, wenn es eine Zahl gibt, die man zu einem bestimmten Zeitpunkt berechnen kann; wenn man sie dann zu einem späteren Zeitpunkt wieder berechnet, nachdem die Natur (oder das System) eine Vielzahl von Veränderungen erfahren hat und man wieder den gleichen Wert für diese Grössen erhält, dann bleibt diese Grösse (z. B. die Energie) erhalten. In der Mathematik spricht man vom ‚Invarianten-Problem', wobei durch bestimmte Operationen die Eigenschaften nicht verändert werden. Dazu hat Emmy Noether wichtige Beiträge geleistet.

Ein weiteres Feld, bei dem die Mathematik für die Physiker sehr hilfreich gewesen ist, ist die Wahrscheinlichkeitsrechnung und die Statistik. Von den Mathematikern ist hier vor allem Gauss zu nennen, nach dem die Gausssche Glockenkurve für alles Mögliche und Unmögliche herangezogen wird. In der Physik ist es Ludwig Boltzmann, welcher die Thermodynamik (und hier insbesondere die Entropie) mittels Statistik physikalisch interpretieren konnte. Natürlich gibt es noch viele andere Beispiele, bei denen die Denkzeuge der Mathematik die Physiker weiter brachten.

1.6 Grundvoraussetzungen für wissenschaftlichen Fortschritt

Die wissenschaftliche Gemeinschaft als soziologisches System braucht bestimmte Voraussetzungen und ein bestimmtes Umfeld, damit Fortschritte erzielt werden können. Man kann im Sinne der Systemtheorie auch von den Ressourcen sprechen, die nötig sind, damit das System Leistungen erbringen kann. Diese Ressourcen sollen hier kurz beschrieben werden.

Wissen
Wissenschaft basiert auf Wissen und Wissen muss zur Verfügung stehen. Wissen muss deshalb gespeichert und katalogisiert werden. Es braucht, technisch gesprochen, Speicherelemente. Historisch waren dies Pergament, dann Papier, das bis in die heutige Zeit das wichtigste Speichermedium ist. Neuerdings gibt es elektronische Speichermedien, Magnetbänder und Compact Discs. Ebenso wichtig ist das Aufbringen der Information durch den Schreibevorgang. Im Mittelalter taten dies die Mönche von Hand in den Skriptorien der Klöster. Man geht sicher nicht zu weit, wenn man die Erfindung des Buchdrucks durch Johannes Gutenberg als Revolution bezeichnet, wodurch erst die effiziente Speicherung und die rasche Verbreitung von Wissen möglich wurden. Der Buchdruck war eine Voraussetzung für viele Umwälzungen. Erst dadurch war es möglich, dass die Bibel, aber auch Werke von Kopernikus oder Kepler genügend Verbreitung fanden und so die wissenschaftliche Revolution des Weltbildes auslösten. – Es ist anzunehmen, dass das neue Medium Internet, welches zur raschen Verbreitung des Wissens führt, einen ähnlichen Impakt auf den Fortschritt der Wissenschaft haben wird. Das Internet und die Compact Disc sind aber nicht nur ein Er-

satz für das gedruckte Wort, das Internet ist auch ein Mittel, das eine Zweiwegkommunikation zulässt. Hier kommt eine echt neue Dimension dazu, die es ermöglicht, dass Wissenschaftler an verschiedenen Orten der Welt gemeinsam an einem Problem arbeiten. Sie tauschen dabei nicht nur fertige Resultate wie in Fachzeitschriften oder an Konferenzen aus, sie arbeiten als Team an neuen Lösungen. Dies ergibt eine neue Qualität im wissenschaftlichen Arbeiten.

Das Wissen muss aber auch katalogisiert und aufbewahrt werden. Hier spielen seit alters her die Bibliotheken und mit ihnen die Bibliothekare eine wichtige Rolle. Die grosse Bibliothek von Alexandria am Westrand des Nildeltas hat zur Zeit des Hellenismus das Wissen aufbewahrt, das in der Antike erarbeitet wurde. Ihre Zerstörung um 390 n.Chr. war deshalb für die Weiterentwicklung der Wissenschaft ein herber Rückschlag mit Nachwirkungen bis ins Hochmittelalter. Das antike Wissen kam dann nur in kleinen Schritten über die Araber wieder nach Europa zurück. Die christlichen und biblischen Texte wurden im Mittelalter vor allem in den Bibliotheken der Benediktinerklöster verwaltet. Später übernahmen dann die Universitäten diese Aufgaben. Zum Katalogisieren brauchte es Hilfsmittel, sei es Kataloge, Karteikarten oder heute die Computer. Auch hier war der technische Fortschritt eine grosse Hilfe für die Arbeit in der Bibliothek, wodurch die Wissenschaftler zu ihrer Ressource ‚Wissen' kamen.

Bildung und Können
Wissenschaftlichen Fortschritt gibt es nur, wenn es auch Menschen gibt, die sich Wissen aneignen und weiter entwickeln. Dazu braucht es Bildung und Schulen. Alle bekannten Philoso-

phen gründeten Schulen, in denen ihre Denkweise, ihr Paradigma gelehrt und das darauf basierende Wissen weiter entwickelt wurde. Bei Platon war es die Akademie, bei Aristoteles die peripatetische Schule. Im Hochmittelalter entstanden die Universitäten (1119 Bologna, 1150 Paris). Dort lernte man im Trivium zuerst Grammatik, Rhetorik und Dialektik (Logik), dann im Quadrivium Musik, Arithmetik, Geometrie und Astronomie. Dies war es, was damals die Theologen, Juristen und Mediziner als Voraussetzung für ihren Berufsstand brauchten. Neben diesen ‚septem artes liberales' gab es aber auch die ‚septem artes mechanicae', die sieben mechanischen Künste. Dazu gehörten Webe- und Schmiedekunst, die Baukunst, die Schifffahrt, die Landwirtschaft, die Jagd, die Schauspiel- und die Heilkunst. Insbesondere die Baukunst brachte es zu hoher Blüte, man denke nur an die herrlichen gotischen Kathedralen. Wichtig war aber auch die Gründung und Entwicklung der Städte, in denen die handwerkliche Spezialisierung vorangetrieben wurde und das Zunftwesen blühte. Dazu gehörte die klassische Ausbildung vom Lehrling zum Gesellen und Meister. Allerdings wurde das Wissen nicht in schriftlicher Form festgehalten und weiter gegeben. Zum einen waren die Handwerker des Schreibens nicht kundig, zum andern ging es um die Erhaltung des Know-hows und der wirtschaftlichen Basis in den Gilden und Zünften, in die ein Aussenseiter keinen Zutritt hatte. Dabei ergaben sich auch allerlei Rituale, ja auch Formen von Geheimbünden wie zum Beispiel die Freimaurer.

Die akademische Tradition und die handwerklichen Künste blieben solange getrennt, bis die Regeln und Erfahrungen der Handwerker und Künstler in der Umgangssprache aufgeschrieben wurden und die Theoretiker den Wert der experimentellen

Überprüfung von Naturgesetzen anerkannten. Dazu brauchte es zuerst den Buchdruck und die Reformation, sodass im 16. Jahrhundert die Schranken zwischen den Gelehrten und dem Handwerk langsam aufgeweicht wurden. Francis Bacon bemühte sich, die in der experimentellen Methode liegenden Möglichkeiten in die Philosophie zu integrieren[10]. Aber erst Galileo Galilei war sowohl in der Mathematik als auch im Handwerk so bewandert, dass er im modernen Sinne naturwissenschaftliche Forschung betreiben konnte.

Auch heute noch ist Bildung ein wichtiges Anliegen. Dabei sollte Bildung nicht nur einer Elite zugutekommen. Wenn man bedenkt, wie lange Frauen vom Universitätsstudium praktisch ausgeschlossen waren und wie schwer es für sie heute noch ist, Familie und Beruf in Einklang zu bringen, dann gibt es immer noch Handlungsbedarf.

Energieerzeugung und –verteilung
In Ländern, in denen Sklaven und Muskelkraft die wichtigsten Energiequellen waren, gab es meist nur wenige technische Neuentwicklungen. Man brauchte die Sklavenarbeit nicht durch Maschinenarbeit zu ergänzen oder zu ersetzen. Dies war einer der Gründe für den Niedergang der hellenistischen Kultur. Im Mittelalter dagegen erzielte man Fortschritte durch Nutzung der Kräfte von Wasser und Wind, durch Modernisierung der Geräte für den Ackerbau und durch den verbesserten Einsatz der Tierkräfte. Dann waren es andere Energieträger wie Kohle und später auch Gas, die genutzt werden konnten, sei es in der Schmiedekunst oder später bei der Dampfmaschine, welche die industrielle Revolution einleitete. Chemische Labors sind auch heute noch nicht ohne Gas vorstellbar, welches man zum Destillieren

und zum Einleiten chemischer Reaktionen braucht. Die breite Versorgung der Bevölkerung mit Gas und später mit Elektrizität war ein wichtiger Schritt für die westliche Zivilisation. Es war aber auch ein wichtiger Schritt für die Wissenschaft, konnten nun doch überall Laboratorien eingerichtet und neue physikalische Apparate gebaut werden. Insofern haben Erfinder wie Th. A. Edison und vor allem N. Tesla, der die Wechselstromtechnik entscheidend weiter entwickelt hat, mehr für den wissenschaftlichen Fortschritt geleistet, als man das gemeinhin zur Kenntnis nimmt.

Geld
Geld ist eine wichtige Ressource und ohne Geld geht auch in der Wissenschaft kaum etwas. Im Mittelalter waren die Geldgeber vor allem Fürsten und Machthaber. Sie gaben zuerst mal Geld aus für kriegerische Zwecke. Sie brauchten bessere Rüstungen und Gewehre. Damit wurde die Metallbearbeitung zu einer Schlüsseltechnologie, die später auch ihren Einfluss auf die Wissenschaft hatte. Dann brauchten sie Schmuckstücke für sich selbst und ihre Geliebten. Und so erblühte die Goldschmiedekunst. Sie waren zudem grosse Mäzene für Künstler, Architekten, Bildhauer und Maler. Diese mussten ihre handwerklichen Fähigkeiten und Techniken weiter entwickeln, damit neue Kunstwerke entstehen konnten. Nicht zu vergessen die Musiker, die immer schönere und bessere Instrumente brauchten, man denke nur an die Kunst der Geigenbauer. Die Wissenschaftler selbst wurden meist nicht um der Wissenschaft willen unterstützt. Man hatte dafür die Universitäten, welche die notwendigen Fachkräfte für den Gottes- und den Staatsdienst ausbilden sollten.

Es gab zwei Ausnahmen: die Astrologen und die Alchemisten. Die Alchemisten waren die Handwerker, die aus unedlen Metallen Gold herstellen wollten. Und der Wunsch nach Gold war riesig, sodass auch das 1317 durch Johannes XXII. erlassene Verbot das Experimentieren mit neuen Substanzen nicht eindämmen konnte. Dadurch wurden chemische Techniken wie das Destillieren und das Fällen von Stoffen verfeinert. Zudem entstanden verschiedene neue Extrakte aus Pflanzen, die zu Heilzwecken verwendet wurden. Auch die Astrologie wurde von der Kirche verboten. Trotzdem hielten sich viele Fürsten weltlichen und kirchlichen Standes Astrologen. Man wollte aus den Sternen das Schicksal befragen, um günstige Zeitpunkte für Unternehmungen (vor allem Kriege) auszunutzen. Dazu musste man den Lauf der Sterne genau beobachten und bestimmen. Und so brachte die Astrologie die Astronomie weiter. Man muss jedoch nicht nur zurückblicken, um die wichtige Rolle des Geldes zur Finanzierung der Forschung würdigen zu können. Heute sind Kredite und Budgets für Forschungsinstitute und Universitäten von so entscheidender Bedeutung, dass mancher Institutsleiter mehr Zeit für die Geldbeschaffung aufwendet als für wissenschaftliche Arbeit. All die Berichte und Anträge, die benötigt werden, um zum Beispiel einen Kredit des Nationalfonds zu erhalten, sind aufwendig. Heute ist es die Industrie, die das meiste Geld für Forschungsvorhaben ausgibt. Man denke etwa an die pharmazeutische Industrie, aber auch an die grossen Forschungszentren wie die Bell Labs, die Forschungszentren von IBM und Philips oder aber auch an das Cold Spring Harbor Laboratorium in New York und seinen Direktor James Watson, der zusammen mit Francis Crick die Struktur der DNA entschlüsselte. Dabei sind kommerzielle Interessen sicher der Hauptgrund für die riesigen Aufwendungen.

Wissenschaftlicher Fortschritt braucht enorme Ressourcen und entsteht aus einer steten Wechselwirkung von technischen Entwicklungen, genauem Beobachten und denkerischen Anstrengungen. Er basiert auf einer Vielzahl von Leistungen, grossen oder kleinen, von bekannten oder völlig unbekannten Menschen. Sie alle sind eingebettet in das kulturelle Umfeld ihrer Zeit. Ohne die Leistungen der grossen Wissenschaftler und Denker schmälern zu wollen, ist es deshalb auch sinnvoll, auf den Beitrag derjenigen hinzuweisen, die Handwerk und Technik entwickelt und verfeinert und so ihren Beitrag zum wissenschaftlichen Fortschritt gebracht haben. Ob dieser Fortschritt, sei es in der Wissenschaft oder in der Technik, immer nur dem Wohl der Menschheit gedient hat, mag bezweifelt werden. Wie wir heute sehen können, haben sich sowohl Wissenschaftler und Techniker, aber auch die vielen Nutzniesser unseres heutigen Wohlstandes lange Zeit nicht um die Folgen des Fortschritts gekümmert, insbesondere die Folgen für die Umwelt. Wissenschaft wollte wertfrei sein, kann es aber nicht. Und so sollte in Zukunft zum Mindesten die aristotelische Ethik wieder mehr an Bedeutung in Wissenschaft und Technik gewinnen: Gerechtigkeit für alle, Klugheit bei der Festlegung der Forschungsziele, Tapferkeit bei der Durchsetzung auch unpopulärer Massnahmen und vor allem das richtige Mass bei der Nutzung der Umwelt.

Anmerkungen

1   Da Wissenschaft viel Geld kostet, möchten viele Politiker, dass aus den an den Universitäten gewonnen wissenschaftlichen Erkenntnissen möglichst rasch Produkte entstehen, die durch die einheimische Industrie genutzt und gewinnbringend abgesetzt werden können. Damit soll die Konkurrenzfähigkeit gestärkt und die Volkswirtschaft in Schwung gehalten werden. Es gibt deshalb viele gute An-

sätze um den Wissenstransfer von den Universitäten und Hochschulen zur Industrie zu fördern. Dies ist ein Beispiel für das naive Bild der Wissenschaft.

2   Bestbekannte Beispiele sind Ägypten und Mesopotamien.

3   Bekannt unter dem Stichwort ‚Ockhams Rasiermesser': Nach dieser Faustregel ist bei verschiedenen möglichen Erklärungen eines Phänomens die einfachere die wahrscheinlich richtige.

4   Ein Beispiel aus unserer Zeit: Der Franziskanerpater Leonardo Boff fordert in seiner Befreiungstheologie eine Kirche der Armen. Der Papst entzog ihm 1981 die kirchliche Lehrerlaubnis.

5   In ähnlicher Weise entstehen auch in Unternehmen Paradigmen. Sie führen dazu, dass Kundenprobleme mit den im Unternehmen angewendeten Methoden effizienter gelöst werden können, als dies die Konkurrenten tun. Dies ist eine wichtige Basis für das Überleben des Unternehmens und drückt sich dann in einer entsprechenden Unternehmenskultur aus.

6   Als einer der Begründer dieser Methode wird oft Francis Bacon (1561-1626) genannt.

7   Man könnte meinen, dass in der heutigen Zeit sich neue Beobachtungen, Erkenntnisse und Erklärungsversuche besser durchsetzen könnten als früher. Dies ist aber nur bedingt so. Beiträge, die in renommierten, grossen Fachzeitschriften veröffentlicht werden sollen, werden zuerst von einer Fachjury von Experten, die

dem gerade vorherrschenden Paradigma anhängen, beurteilt. Ein revolutionärer Artikel hat es dabei schwer, von dieser Jury angenommen zu werden.

8   Hilbert war von der Lösbarkeit aller mathematischen Probleme überzeugt. Gemäss seinem Paradigma gab es kein

,ignorabimus' (wir werden es nicht wissen). Vgl. dazu Fischer: Leonardo, Heisenberg + Co.

9   Gödelscher Unvollständigkeitssatz: Es gibt stets Aussagen, die innerhalb eines Axiomensystems gemacht werden können, die unentscheidbar sind, wenn man mit Hilfe dieser Axiome ihre Wahrheit oder ihre Unwahrheit beweisen will. Bekannt ist das Lügenparadoxon aus der Antike: Ein Kreter sagt: „Alle Kreter lügen". Diese Aussage ist in sich widersprüchlich. Entweder macht der Kreter wahre Aussagen, dann ist aber der Inhalt seiner Aussage nicht wahr. Oder aber er lügt, dann kann man seiner Aussage nicht trauen.

10 Francis Bacon, der Verfechter der induktiven Methode, glaubte noch fest daran, dass Forschung (und Technik) zur Wohlfahrt der Menschen dienen werde. „Wissen ist Macht" ist noch heute die Devise vieler Forscher und Techniker. Naiverweise nehmen sie dann an, dass sie als Gutmenschen auch Gutes für die Menschheit tun.

2

Handwerklich – technische Entwicklungen

2.1 Von Euklid bis Leonardo da Vinci

In der Zeitspanne zwischen Euklid und Leonardo da Vinci beherrschten die Aussagen von Aristoteles die naturwissenschaftlichen Vorstellungen der Menschen. Sie passten auch gut in das biblische Weltverständnis, das im Mittelalter vorherrschte. Unabhängig davon hatte Euklid, der in Alexandria lebte und als Begründer der Geometrie gilt, einen gewaltigen Einfluss auf die Mathematik einerseits und auf das Ingenieurwesen andererseits. Seine axiomatische Methode wurde zum Vorbild für die gesamte spätere Mathematik. Im 17. Jahrhundert wurde sie durch René Descartes zur analytischen Geometrie erweitert, die dann für die theoretischen Physiker zu einem wichtigen Werkzeug wurde. Euklid kannte sicher eine Form von Zirkel und Massstab, die wohl auch von den Architekten jener Zeit angewandt wurden. Der bekannteste Ingenieur der hellenistischen Zeit war Archimedes von Syrakus, der seine Erkenntnisse abstrakt in naturwissenschaftlicher Sprache formulieren konnte. Archimedes kannte die Hebelwirkung und den Flaschenzug. Als Mathematiker berechnete er Quadratwurzeln und bestimmte Umfang und Fläche von Kreisen. Sein mathematisches Verständnis basierte auf geometrischen Kenntnissen, die er auch für das Hebelgesetz anwendete. Berühmt ist er für seinen Ausruf „Heureka!", als er herausfand, dass die Krone des Königs nicht aus reinem Gold bestand (Auftrieb im Wasser).

Mit Hilfe der Geometrie konnten naturwissenschaftliche Probleme angegangen und gelöst werden. Eratosthenes bestimmte um das Jahr 276 v.Chr. den Erdumfang und Aristarchos versuchte etwa zur gleichen Zeit die Entfernung der Erde zur Sonne abzuschätzen. Und Ptolemäus entwickelte um 150 n.Chr. sein Modell des Kosmos.

Aus der Antike kennt man nur wenige technische Geräte. Bekannt ist das Diopter des Heron von Alexandria aus dem 1. Jahrhundert nach Christus, eine Visiereinrichtung, die vor allem für astronomische Zwecke eingesetzt wurde. Im Mittelalter verbesserte sich die Handwerkskunst. Dies gilt nicht nur für die Baukunst, dies gilt vor allem auch für die Schmiedekunst. Mit ihr gewann die Metallbearbeitung insbesondere zur Herstellung von Waffen und Rüstungen aus Eisen an Bedeutung. Aber auch Messer und Scheren wurden entwickelt, wobei Ockhams Rasiermesser eine sprichwörtliche Bedeutung erhielt. Messer wurden unter anderen von den Badern eingesetzt, die nicht nur für die Hygiene ihre Dienste anboten, sondern auch einfache operative Eingriffe durchführten. Daraus entwickelten sich später die Anatomie und die Chirurgie, die bis heute viel mit Handwerk und Gebrauch von Werkzeugen zu tun haben. Auch das seit Archimedes bekannte Hebelgesetz wurde im 13. Jahrhundert weiter entwickelt und dann Jordanus Nemorarius auf Waagen mit unterschiedlich langen Armen angewendet. Wie die Waage hatte auch das Rechnen vor allem eine merkantile Bedeutung auf den Marktplätzen.

Über die Araber kamen im Mittelalter die arabischen Zahlen in den Westen.[1] Die Araber entwickelten nicht nur die Arithmetik, sondern auch die Algebra weiter. 1202 erschien das Buch von Leonardo da Pisa, genannt der Fibonacci oder Rechenkünstler, welches das Rechnen mit dem Abakus beschreibt. Der Abakus rechnete noch mit römischen Zahlen. Leonardo da Pisa konnte aber auch mit arabischen Zahlen rechnen, ja er liess sogar negative Werte als Lösung für seine Gleichungen zu, die er dann als Schulden bezeichnete. Vom Buchdruck und seiner Wirkung war schon die Rede. Hier wurden Lettern aus Metall eingesetzt.

Als Universalgenie überragte Leonardo da Vinci nicht nur seine Zeitgenossen. Als Maler war er ein Meister der Perspektive, und es gelangen ihm Darstellungen mit sehr hohem Auflösungsvermögen. Als Erfinder entwarf er Maschinen für alle möglichen Zwecke und als Ingenieur befasste er sich mit der Kraft- und der Hebelwirkung, auch wenn er sie nicht systematisch in mathematischer Sprache formulierte. Er war so ein Wegbereiter für die kommenden grossen Umwälzungen, die vor allem mit dem Namen Galileo Galilei verbunden sind.

2.2 Metallbearbeitung

<u>Metallguss</u>
Nachdem im 13. Jahrhundert das Schiesspulver nach Europa gelangte, hat nicht nur die Schmiedekunst, sondern auch das Giessen von Eisen zur Herstellung von Kanonen und Kugeln eine wichtige Bedeutung erlangt. Erste Gebläseschmelzöfen entstanden im 15. Jahrhundert, und die neuen Produkte waren bald kriegsentscheidend. Mit den Katapulten und der Wirkung der Wurfgeschosse gewannen Fragen zur Ballistik an Bedeutung. Tartaglias, ein Ingenieur und Feldmesser, veröffentlichte im Jahr 1546 ein Buch über militärische Taktik, Munition und Ballistik. Dabei stellte er die Regel auf, dass ein Geschoss bei einem Abschusswinkel von 45° die maximale Reichweite erzielt.

Es war dann Galileo Galilei vorbehalten, die ballistische Frage richtig zu klären. Galilei war wie Leonardo zuerst ein begabter Zeichner, ein Ingenieur und Erfinder. Bis heute können wir das Galilei-Thermometer bewundern, und auch die hydrostatische Waage stammt von ihm. Zusätzlich aber war er der erste moderne Experimentalphysiker, der seine Erkenntnisse in mathematischer Sprache formulieren konnte. Um die Mathematik auf physikalische Erscheinungen anwenden zu können, mussten die Bedingungen so gewählt werden, dass Störeffekte vernachlässigt werden konnten. Bei der Erarbeitung des Fallgesetzes benutzte er eine polierte schiefe Ebene, auf der er Metallkugeln herunter rollen liess. Er kam zur Erkenntnis, dass Körper nicht mit einer Geschwindigkeit fallen, die proportional zu ihrem Gewicht ist. Alle Körper fallen, wenn man den Luftwiderstand als Störeffekt ausschliesst, gleich schnell, wobei die Geschwindigkeit proportional zur Zeit zunimmt. Damit setzte er sich in Widerspruch zur Lehre des Aristoteles und zum gesunden Menschenverstand, nachdem eine leichte Feder weniger schnell fällt als ein Metallstück. Auch die Impetustheorie brauchte er nicht mehr, da die Flugbahn einer Kanonenkugel als Überlagerung von zwei unabhängigen Bewegungen (Vorwärtsbewegung aufgrund des Anfangsimpulses und Abwärtsbewegung aufgrund des freien Falls) interpretiert werden konnte. In weiteren Arbeiten und Experimenten gelang es ihm auch, die Gesetze des Pendels zu erklären, womit sich eine bisher nicht bekannte Möglichkeit zur Zeitmessung ergab.

Galilei erkannte zudem, dass sich die Gesetze der Physik nicht ändern, wenn man sich statt in Ruhe in gleichförmiger Bewegung befindet. Dies explizierte er an den Vorgängen unter dem Deck eines Schiffes. Wenn Gegenstände herunterfallen, dann fallen sie nicht nach hinten, wenn das Schiff mit einer gleichmässigen Geschwindigkeit auf dem Wasser fährt. Ein Beobachter ohne Sicht nach aussen kann nicht wissen, ob sich das Schiff bewegt oder in Ruhe ist. Galilei ist somit der Begründer der klassischen Relativitätstheorie.[2] Der Galilei der Mechanik war sowohl für die sich entwickelnde theoretische und experimentelle Physik als auch für das Ingenieurwesen wegweisend und von überragender Bedeutung. Newton gelang es dann, seine Erkenntnisse mathematisch in den bekannten drei Axiomen zu fassen, die zur theoretischen Basis der technischen Mechanik wurden.

Sextanten

War Eisen das wichtigste Material zur Herstellung von Waffen, so war Kupfer das wichtigste Ausgangsmaterial zur Herstellung von Legierungen wie Bronze und Messing. Nicht nur Münzen, sondern auch die Lettern für den Buchdruck bestanden aus Kupferlegierungen. Die Handwerkskunst schätzte das Kupfer wegen seiner Weichheit und Duktilität, und die Künstler fertigten aus diesem Material die berühmten Kupferstiche.

Es war dann Tycho Brahe, der alle damaligen Möglichkeiten zur Verbesserung der Messtechnik ausnutzte und der in der beobachtenden Astronomie ein ganz neues Mass an Präzision einführte. Tycho verfügte über die Ressource ‚Geld', welches ihm der Dänenkönig Friedrich II in Fülle zur Verfügung stellte. Er hatte seine eigene Sternwarte in Uranienborg, die er mit den besten Instrumenten (Sextanten, Quadranten, Armillarsphären) ausrüsten liess. Obwohl Tycho, wie er gerne genannt wird (sein vollständiger Name lautete: Tyge Ottesen Brahe), das Werk von Kopernikus und dessen Buch ‚De revolutionibus orbium coelestium' kannte, blieb er insofern dem ptolemäischen Denkschema verhaftet, als er die Erde im Mittelpunkt des Universums stehen liess.[3] Die Sonne drehte sich in seinem Modell um die Erde, die übrigen Planeten aber um die Sonne. Tychos bleibender Verdienst lag nicht in dem von ihm entworfenen Modell, sondern in der genauen Bestimmung der Sternpositionen und der Bewegungen der Planeten, die er sauber aufgezeichnet hatte. Es war ein Glücksfall, dass Kepler die Aufzeichnungen des Tycho erben konnte. Darauf aufbauend entwickelte er seine berühmten Gesetze[4].

Interessanterweise gelang damals der Durchbruch zum heliozentrischen System noch nicht. Die Gemeinschaft der Astronomen, die ja vor allem Astrologen waren, sah darin eher eine mathematische Möglichkeit, um den Stand der Planeten und der Sterne vorher zu sagen. Einen realen Sinn wollten sie aber dem neuen System nicht zugestehen, widersprach es doch dem gesunden Menschenverstand, nach dem sich alles um die Erde drehen müsste. Hätte sich die Erde bewegt, so hätte man etwas gespürt. Erst Galilei entwickelte um 1632 dann die erste Vorstellung von der Relativität, nach der sich die Gesetze der Physik nicht ändern, wenn man sich statt in Ruhe in gleichförmiger Bewegung befindet.[5] Kepler selbst wollte sich nicht gegen die Kirche oder die Bibel stellen, ja er sah sogar in seiner Vorstellung von Sonne und Planeten ein Abbild der göttlichen Trinität. Auch wollte er die Geburt Christi und den überlieferten Stern von Bethlehem mit einer speziellen Konjunktion der Planeten erklären. Hier schimmern noch astrologische Vorstellungen durch, wonach Himmelserscheinungen auf göttlichen Offenbarungen beruhen. Newton hat dann später in aller Schärfe formuliert, dass die gleichen physikalischen Gesetze[6] am Himmel und auf der Erde gelten.

Waage

Während der Wunsch, das Schicksal und die Zukunft zu kennen, zur Astrologie und damit zur genaueren Himmelsbeobachtung führte, so führte der Wunsch nach Geld und Macht zur Alchemie, bei der man aus minderwertigen Materialien höherwertige, insbesondere Gold, herstellen wollte. Böttger erfand bei solchen Experimenten als erster Europäer um 1708 das Porzellan und wurde dadurch reich, obwohl er sein eigentliches Ziel verfehlte. Die Alchemisten versuchten das schon von Aristoteles beschriebene Urmaterial (prima materia), aus dem nach dieser Lehre alle Stoffe im innersten Wesen bestanden, freizusetzen, woraus man dann andere Materialien wachsen lassen könnte. Dazu suchten sie nach dem Stein der Weisen, den man sich als eine Art von Katalysator vorstellen kann. Sie entwickelten Einiges an Geschick, um Stoffe in Säuren aufzulösen um sie dann wieder chemisch verändert aus den Lösungen zu fällen. Dies war ihr ‚solve et coagula'. Daneben kannte man die Lehre von den vier Elementen (Erde, Wasser, Feuer, Luft), wobei man annahm, dass Feuer auch aus Materie bestand. Diese Materie, welche vom deutschen Alchemisten Johann Joachim Becher Phlogiston (Feuerstoff) genannt wurde, war gemäss dieser Lehre in allen Metallen enthalten. Damit konnte man die damals bekannten chemischen Vorgänge der Oxidation und der Reduktion genügend erklären.

Die Denkmuster der Alchemisten konnten erst durchbrochen werden, als mit besseren und genaueren Waagen präzisere Analysen durchgeführt werden konnten. Dazu brauchte es nicht nur

verbesserte Skalen wie bei den Sextanten, sondern auch entsprechende Aufhängevorrichtungen, Lager und metallische Referenzgewichte. Es ist vor allem das Verdienst von Lavoisier, dass der Schritt von der Alchemie zur naturwissenschaftlichen Chemie gemacht werden konnte. Er zeigte Mitte des 18. Jahrhunderts, dass Schwefel beim Verbrennen weit davon entfernt ist, Gewicht zu verlieren; im Gegenteil, es wurde schwerer. Dies war mit der Phlogistontheorie nicht zu vereinbaren. Aber nicht nur Phlogiston wurde infrage gestellt. Lavoisier erkannte, dass die Luft kein Element sein konnte, wie man dies seit Aristoteles glaubte, sondern dass Luft mehrere Substanzen enthielt, wobei für die Verbrennung Sauerstoff benötigt wurde. Auch konnte er zeigen, dass Wasser entsteht, wenn man die beiden Gase, Wasserstoff und Sauerstoff, zusammenbringt. Manchmal wird diskutiert, welches nun wirklich die Leistung Lavoisiers war, der in der Französischen Revolution enthauptet wurde, und was andere Zeitgenossen zu den neuen Erkenntnissen beigetragen haben.
Sicher ist, dass mit den Entdeckungen und Publikationen von Lavoisier der Durchbruch gelang. In den folgenden Jahren suchten dann die Chemiker nach neuen Elementen, für die man nun auch eine neue Definition im Unterschied zu den Verbindungen finden musste[7].

Mechanische Uhren
Die Bemühungen, die Zeit zu bestimmen, sind uralt. Sonnen-, Wasser- und Sanduhren wurden schon früh erfunden; sie wurden im Mittelalter ergänzt durch Kerzenuhren, bei denen die Zeit durch Abbrennen einer Kerze gemessen wurde. Um 1300 entstanden die ersten mechanischen Uhren. Als Antrieb dienten Gewichte, die sich aufgrund der Reibung gleichmässig nach unten bewegten. Über Räder konnten die Zeiger so bewegt wer-

den, dass die Kirchen- oder Turmuhr den Leuten die Stunden anzeigen konnte. Leonardo skizzierte 1494 die erste Pendeluhr, die dann 1612 durch Jost Bürgi praktisch realisiert wurde. Etwa zur gleichen Zeit hatte Galilei sein Pendelgesetz formuliert, nachdem die Schwingungsdauer des Pendels nur von dessen Länge abhängt[8]. Galilei musste für seine Messungen zum Fallgesetz aber noch eine Wasseruhr und ein frei schwingendes Pendel benutzen. Huygens entwickelte 1656 eine Pendeluhr mit Spindelhemmung und wenig später auch eine Uhr mit einer Unruh als Zeitgeber.

Die mechanische Uhr selbst ist ein System, welches aus den Elementen Taktgeber, Energiespeicher und Anzeigemechanismus besteht. Um eine genau gehende Uhr herzustellen, braucht es eine hohe Fertigkeit in der Metallbearbeitung. Als Taktgeber (Unruh) und Energiespeicher verwendete man ab dem 17. Jahrhundert Federn; dazu musste zuerst die Technik des Drahtzugs einen hohen Stand erreichen. Der Anzeigemechanismus mit seinen ineinandergreifenden Rädern zeigt die hohe Kunst der Uhrmacher in der Feinmechanik. Allerdings haben mechanische Uhren einen Nachteil. Metalle dehnen sich aus, sodass die Genauigkeit von der Temperatur und anderen Witterungseinflüssen abhängt. Dies war vor allem ein grosses Problem bei der Seefahrt, worüber später berichtet wird.

Genaue Zeitmessungen brauchte man bald bei sportlichen Wettkämpfen, wobei irgendwann die Stoppuhr entwickelt wurde. Mit den mechanischen Uhren hatten die Experimentalphysiker ein Instrument in der Hand, mit dem sie vor allem die aus den Bewegungsgesetzen abgeleiteten Aussagen überprüfen und verifizieren konnten. Mit Hilfe dieser Gesetze kann man die zukünftige Position von Gegenständen berechnen. Sie haben wie die Gesetze der Elektrodynamik und der Quantenmechanik einen deterministischen Charakter. Dies hat dazu geführt, dass einige Philosophen und ihre Anhänger die ganze Welt als ein gigantisches Uhrwerk betrachteten. Die Chaostheorie hat dann diese Vorstellung widerlegt und gezeigt, dass die Zukunft grundsätzlich nicht prognostizierbar ist.

Mit der Uhr konnten auch gezielt andere Messungen und Experimente durchgeführt werden. Hier sei als Beispiel die Bestimmung der Elementarladung des Elektrons mit der Versuchsanordnung von Milikan erwähnt. Natürlich hat sich die Zeitmessung mit den elektronischen Mitteln ab der Mitte des 20. Jahrhunderts weiter entwickelt, wobei die physikalische Messtechnik verbessert wurde. Interessant ist noch anzumerken, dass bis zu dieser Zeit die Sekunde als Teil eines mittleren Sonnentags definiert wurde. Erst dann führte man aufgrund der Eigenschwingungen des Caesiums eine neue Definition für die Sekunde ein. Quarz- und Atomuhren haben in der Experimentalphysik nun die mechanische Uhr abgelöst.

Nautische Instrumente
Die verbesserten Sextanten mit ihren hochauflösenden Skalen waren aber nicht nur für die Astronomie und Astrologie von grossem Nutzen, sie waren auch ein wichtiges Hilfsmittel für die Schifffahrt. Seit Beginn des 13. Jahrhunderts wurde zudem der Magnetkompass für die Navigation eingesetzt, sodass man besser ausgerüstet auf die Entdeckungsreisen gehen konnte. Zurzeit von Tycho Brahe hatte Kolumbus bereits Amerika entdeckt, und die neue Welt war nun Ziel von Eroberungen und der Ausbeutung der gefundenen Bodenschätze. Zwischen 1610 und 1870

blühte der Sklavenhandel. Englische Schiffe brachten Tauschwaren für die afrikanischen Stammesfürsten in Westafrika. Von dort verschifften sie dann die Sklaven nach Amerika, wo die menschliche Fracht an die Plantagenbesitzer verkauft wurde. Auf dem Rückweg wurden Kolonialwaren wie Kaffee, Tabak und Kakao zurück nach England gebracht.

Ein lange Zeit ungenügend gelöstes Problem der Navigation war die Bestimmung des Längengrades, auf dem sich das Schiff gerade befand. Um auf der Ost-West-Achse die Längsposition zu bestimmen, musste man die exakte Uhrzeit im Heimathafen kennen. Aus der zeitlichen Differenz beim Aufgehen eines Sternbilds im Vergleich zum Ausgangspunkt konnte man die aktuelle Position berechnen. Dies war wesentlich schwieriger als die Bestimmung der Breitengrade, wozu der Sextant genügte. Um den Anforderungen an die Genauigkeit der Uhren zur Bestimmung der Längsposition zu genügen, musste die Wärmeausdehnung der Unruh verstanden und entsprechend kompensiert werden. Diese hohen technischen Anforderungen meisterte der Engländer John Harrison, der im Jahre 1762 eine Uhr mit hinreichender Genauigkeit bauen konnte, wobei er zur Kompensation Metalle mit verschiedener Wärmeausdehnung einsetzte.

Um die Seefahrt sicherer zu machen, brauchte man zusätzlich nautische Karten und man musste die Inseln und Archipele vermessen. Als 1831 ein solches Vermessungsschiff sich auf die Fahrt nach Südamerika aufmachte, befand sich auf dem Schiff der junge Charles Darwin. Die Reise führte auch auf die Galapagosinseln, sowie nach Tahiti, Australien und Südafrika. Dieser Darwin wurde aber nicht bekannt, weil er neue Ländereien entdeckte oder sich als Kartograf hervortat. Er war ein genauer

Beobachter der Tierarten und deren Lebensräume und so entwickelte er seine Vorstellungen zur Entstehung der Arten. Daraus entstand dann die Evolutionstheorie. Es wäre natürlich zu billig, wenn man behaupten würde, Darwin sei nur wegen der verbesserten Sextanten zu seiner Erkenntnis gekommen. Wenn er aber nicht zur Seereise aufgebrochen wäre und andere Weltgegenden gesehen hätte, wäre er in England wohl kaum auf die Idee gekommen, eine solch revolutionäre Theorie aufzustellen. Für neue Ideen braucht es ein spezifisches Umfeld und einen historischen Kontext, und der wäre ohne die technischen Entwicklungen nicht gegeben gewesen. Die Darwinsche Lehre war für seine Zeitgenossen wohl noch revolutionärer als das heliozentrische Weltbild des Kopernikus. Im christlichen Denken sind die vielen Arten des Lebens Ausdruck der Schöpferkraft Gottes. Die Schöpfung ist ewig und unveränderlich, wobei Gott den Menschen nach seinem Ebenbild geschaffen hat. Die durch die Evolutionslehre ausgelösten Paradigmadiskussionen waren heftig und sind bis heute noch nicht endgültig ausgestanden. Insbesondere in den USA werden immer wieder Bestrebungen unternommen, um der biblischen Schöpfungsgeschichte auch einen naturwissenschaftlichen Sinn zu geben. Dieser ‚Intelligent Design' müsse neben der Evolutionslehre auch an den Schulen unterrichtet werden.[9]

Drähte und Spulen

Skalen und Waagen haben die Astronomie und die Chemie revolutioniert. Drähte und Spulen haben die Elektrotechnik erst ermöglicht, wobei noch kein Paradigma existierte. Dabei spielten die duktilen Metalle Gold, Silber und Kupfer die entscheidende Rolle. Gold und Silber dienten schon immer als Basis für

Schmuckstücke. Als Archimedes gefragt wurde, ob die Krone des Königs aus reinem Gold bestand oder ob Blei beigemischt wurde, entdeckte er in der Badewanne das nach ihm benannte Gesetz und rief „Heureka!" Im 16. Jahrhundert hämmerte man Eisenstähle zu Stangen. Diese wurden erhitzt durch dünne Locheisen gezogen. Die so hergestellten Drähte wurden dann wieder verkleinert, zugespitzt und als Nägel eingesetzt. Später gelang es, Drahtseile herzustellen, womit man höhere Lasten als mit herkömmlichen Tauen bewegen oder halten konnte.

Mit Hilfe von Kupferdrähten entdeckte man die verschiedenen Wirkungsweisen der Elektrizität, wobei die gefundenen Effekte auch reproduziert werden konnten. Das gilt für das bekannte Froschschenkelexperiment des Galvani und für die Versuche von Volta, wofür die beiden Italiener Drähte verwendeten. Auch Ampère und seine Elektrisiermaschinen benötigten Kupferdrähte. Schon recht systematisch ging Hans Christian Oersted vor, der um 1820 beobachtete, dass ein stromdurchflossener Draht eine Kompassnadel ablenken kann. Zwischen Elektrizität und Magnetismus musste ein Zusammenhang bestehen.

Dies brachte den grossen Experimentator Faraday dazu, die Idee von Feldlinien zu entwickeln. Er war es dann auch, der das Induktionsgesetz entdeckte, gemäss dem durch die zeitliche Veränderung eines Magnetfeldes elektrischer Strom in Spulen erzeugt werden konnte. Faraday fand seine Gesetze intuitiv. Er hatte so was wie einen sechsten Sinn für die Zusammenhänge und brauchte dazu keine Mathematik. Die Elektrodynamik erhielt in den vier Maxwellschen Gleichungen ihre Axiome, die von ebenso grundlegender Bedeutung für dieses Wissensgebiet sind wie die Newtonschen Gleichungen für die Mechanik. Maxwell wollte den Faraday'schen Feldlinien ein mathematisches Gewand geben und sie so der theoretischen Beschreibung und Weiterentwicklung zugänglich machen. Dabei unterschied er zwischen den Quellen (Ladungen und Ströme[10]) und den davon erzeugten elektrischen und magnetischen Feldern.

Nach Faraday konnte man so was wie eine Spaltung in der Geschichte der Elektrizität beobachten. Da war auf der einen Seite die von Maxwell formulierte Elektrodynamik, die man als Fach der theoretischen Physik ansprechen muss, auf der andern Seite entwickelte sich die Elektrotechnik, die eher mit Praktikerregeln arbeitet.

Für das tägliche Leben war und ist die Elektrotechnik von ungeheurer Bedeutung. Die moderne Zivilisation ist ohne die Errungenschaften der Elektrotechnik nicht denkbar. Meist unterscheidet man zwischen Starkstrom und Schwachstrom. Zur Starkstromtechnik gehören Generatoren und Motoren und die Energieversorgung mit Strom. Die grundlegenden Entwicklungen erfolgten am Ende des 19. und zu Beginn des 20. Jahrhunderts, wobei die Namen Edison und Tesla besonders hervorstechen. Edison war der Pionier des Gleichstroms, Tesla der des Wechselstroms.[11] Für die Energieerzeugung und -übertragung hat sich der Wechselstrom gegenüber dem Gleichstrom durchgesetzt. Grund war die höhere Wirtschaftlichkeit dank der Übertragung über Hochspannungsleitungen. Um die gleiche Leistung zu übertragen, brauchte man viel dünnere Drähte als bei Gleichstrom. Mit der Elektrifizierung stand die für die Wissenschaft wichtige Ressource ‚Energie' in allen Labors zur Verfügung.

Auf dem Gebiet des Schwachstroms machten sich vor allem Bell als Erfinder des Telefons und Marconi als Erfinder des Radios einen Namen. Über Telefonleitungen konnte so Wissen unter den Forschern ausgetauscht werden. Erst in neuerer Zeit werden nun die Kupferdrähte durch Glasfasern konkurrenziert, mit denen grosse Informationsmengen rasch über das Internet vermittelt werden können. Als wichtigste Gesetze und Regeln der Elektrotechnik gelten das Ohmsche Gesetz, die Sätze von Kirchhoff, sowie das Coulombsche Gesetz, das ein Analogon zum Gravitationsgesetz von Newton darstellt. Ergänzend dazu sind das schon erwähnte Induktionsgesetz und die Definition für die elektrische Leistung als Produkt von Spannung und Strom zu nennen. Bei Wechselströmen, insbesondere bei hohen Frequenzen, musste man das Phänomen der Phasenverschiebung beachten. Nebst dem Widerstand (R) musste man deshalb Kapazitäten (C) und Induktivitäten (L) rechnen, die bei Berücksichtigung der Frequenz (ω) zu der Impedanz (Z) führten. Auf diese Weise konnte man Schwingkreise berechnen, die man in der Verstärkertechnik zum Bau von Radioempfänger benötigte. Basierte bisher die Übertragung auf analogen Signalen, wobei die Hochfrequenz durch die zu übertragenden Sprach- oder Bildinhalte moduliert wurde, setzt sich heute immer mehr die Digitaltechnik durch, auf die später noch im Detail eingegangen wird.

Aus diesen Darlegungen geht hervor, dass die Maxwell-Gleichungen in der täglichen Praxis der Elektroingenieure nicht die gleiche Rolle spielen, wie zum Beispiel die Newtonschen Axiome, die für die Maschineningenieure zentral sind und die das ganze Gebiet der technischen Mechanik durchziehen. Dies mag auch damit zusammen hängen, dass man die Maxwell-Gleichungen sprachlich kaum formulieren kann, während dies bei den Newtonschen Axiomen gut möglich ist.

2.3 Glasbearbeitung

Glas war schon im alten Ägypten bekannt. In der Antike und im Mittelalter wurde Glas fast ausschliesslich zu Schmuck und Kunstgegenständen verarbeitet. Dazu gehören auch die wunderbaren Glasfenster in den gotischen Kathedralen. Optische Gläser, an die man wesentlich höhere Anforderungen bezüglich Zusammensetzung und Homogenität stellen muss, kennt man seit dem 14. Jahrhundert. Als Erfinder der Brille gilt Salvino degli Amati, der in Florenz lebte. Glasherstellung und –verarbeitung waren nun soweit, dass damit technische Geräte hergestellt werden konnten.

Fernrohre und Teleskope
Mit dem Blick in die Weite des Universums begann ein neues Kapitel in der Astronomie und der Kosmologie, das bis heute noch nicht endgültig abgeschlossen ist. Dieses Kapitel beginnt mit der Erfindung des Fernrohrs durch Jan Lippershey um 1609, wonach Galileo Galilei rasch auch ein solches Gerät entwickelte. Hier muss die grosse Bedeutung von Galileo Galilei hervorgehoben werden. Galilei war der erste moderne Physiker, der einerseits die Sprache der damaligen Mathematik beherrschte, Experimente durchführte und ein genauer Beobachter der Vorgänge in der Natur war. Dabei vertraute er nicht den alten Autoritäten, sondern er liess sich nur durch seinen scharfen Verstand leiten. Der Wert der Entdeckung der Jupitermonde und der Venusphasen durch Galilei lag darin, dass das durch Kopernikus und

Kepler entwickelte heliozentrische Modell nicht nur als eine andere Art zur Berechnung der Planetenbahnen abgetan werden konnte. Nun hatte man einen eindeutigen Beweis, dass das heliozentrische Modell dem ptolemäischen überlegen war. Zudem hatte Galilei eine klare Auffassung, was Aufgabe der Naturwissenschaft und was Aufgabe der Kirche und der Theologie sei. Die Wissenschaftler sollten die materielle Welt deuten und sagen, was am Himmel passiere, die Theologen sollten den Menschen zeigen, wie man den Weg in den Himmel finde.

Nach Galilei und dem Einsatz optischer Geräte gab es zwei Richtungen in der Astronomie, die sich mit dem Aufbau des Universums beschäftigten. Es gab die Beobachter und es gab die mathematischen Physiker.

Die Beobachter versuchten vor allem, mit immer besseren und grösseren Teleskopen das Universum und die Sterne zu vermessen und zu katalogisieren. Dies ist die Tycho Brahe-Linie. Dazu gehören Leute wie Herschel, der 1781 den Planeten Uranus entdeckte, und Bessel, der die Parallaxe bei der Messung mitberücksichtigte und so die Entfernung der Sterne genauer bestimmen konnte. Ebenfalls im Jahr 1781 veröffentlichte Charles Messier aufgrund seiner Himmelsbeobachtungen einen Katalog, der bereits mehrere Nebel enthielt. Lord Rosse baute 1845 ein riesiges Teleskop mit einem Spiegel von 1,8 Metern Durchmesser, wobei er grosse Teile seines Privatvermögens investierte. Die Ressource Geld spielte dabei eine immer grössere Rolle. Dies gilt auch für den exzentrischen Millionär George Every Hale, welcher das 2,5-Meter-Teleskop auf dem Mount Wilson bauen liess. Als grössten beobachtenden Astronom muss wohl Edwin Powell Hubble genannt werden, der nachweisen konnte, dass die Nebel eigenständige Galaxien sind, die sich weit ausserhalb der Milchstrasse befinden.[12] Nach ihm ist das berühmte Hubbleteleskop benannt, welches durch die NASA in den Weltraum gebracht wurde, wodurch noch bessere und genauere Messungen ermöglicht wurden, als dies von einem terrestrischen Standort aus möglich ist.

Die mathematischen Physiker entwickelten Modelle und die dazu gehörende Mathematik, womit sie die kosmologischen Vorgänge erklären konnten. Dies ist die Kepler-Linie. Dazu gehören Leute wie Newton und Einstein, aber auch Friedmann und Lemaître, nicht zu vergessen Stephen Hawkings mit seinen Theorien und Spekulationen. Über diesen Zweig wird später noch detailliert zu berichten sein.

Das Lichtmikroskop

Wichtiger als der Blick in die Weiten des Kosmos war für die Menschheit der Blick in den Mikrokosmos. Mikroskope erschlossen eine neue Welt, insbesondere für die Biologie, Medizin und Pharmazie. Die ersten Mikroskope entstanden zur gleichen Zeit wie das Fernrohr. Als Erfinder gelten der Brillenschleifer Janssen und Lippershey. Erste Forschungsresultate mit Hilfe eines Mikroskops erzielte Francesco Stelluti, der nach seinen Beobachtungen das Facettenauge der Biene nachzeichnete. 1665 konnte Marcello Malpighi rote Blutkörperchen im Mikroskop sehen. Zu erwähnen ist weiter Antoni van Leeuwenhoek, der 1673 Samenzellen, Rädertierchen und Bakterien beobachtete. Für die Wissenschaft bedeutend war seine Begegnung mit Christian Huygens. Dieser wollte nun wissen, wie die Linsen funktionierten. Dabei entwickelte er seine Lichttheorie, wobei er von einer Wellennatur des Lichtes ausging. Eine Weiterentwicklung des Mikroskops erfolgte 1691 durch Filippo Bonnani, der als Erster Licht auf das Objekt fokussierte.

Als Beginn der modernen Biologie kann das Jahr 1852 gelten, als Rudolf Virchow mit dem Satz ‚omnis cellula ex cellula' die Bedeutung der Zellen im Organismus erkannte. Dabei stützte er sich auf die durch Mikroskope gemachten Beobachtungen von Matthias Schleiden und Theodor Schwann. Organe und Zellen erhielten eine neue Bedeutung in der Medizin. Man begann gezielt Medikamente zu entwickeln, die spezifisch auf das kranke Organ einwirkten, und die Chirurgen schnitten krankes Gewebe heraus, sodass der Rest des Organs heilen konnte. Von enormer Bedeutung war die Entdeckung der Tuberkulosebakterien durch Robert Koch (1882) und des Penicillins durch Alexander Fleming (1928). Auch für Barbara McClintock war das Mikroskop für ihre Erforschung der Chromosomen das wichtigste Instrument.

Die Weiterentwicklung von Linsen und Mikroskopen ging weitgehend parallel mit den Fortschritten in der geometrischen Optik. Hier war Ernst Abbe von wegweisender Bedeutung. Als wissenschaftlicher Leiter und späterer Besitzer der optischen Werkstätten Carl Zeiss in Jena hat er die Leistungsfähigkeit der Mikroskope auf einen hohen Standard gebracht. Um das Mikroskop herum musste auch die Technik der Vorbehandlung und Präparierung der Objekte verfeinert werden. Die Mikroskopie und das Mikrotom, das zur Erzeugung dünner Schnitte aus Gewebe- und Zellstrukturen dient, wurden so zu eigenen Industriezweigen. Das Gleiche gilt auch für die Vergütung von Linsen zur Reflexverminderung durch dünne Schichten, die durch Aufdampfen im Vakuum oder durch Eintauchen in Flüssigkeiten auf das Glas aufgebracht wurden, wodurch die Qualität der Instrumente weiter verbessert werden konnte.

Prisma und Gitter
1665 wütete in London die Pest. Der berühmte Isaac Newton entging ihr, weil er sich in sein Haus in Lincolnshire zurückzog. Hier experimentierte der als Mathematiker und Theoretiker bekannte Newton mit einem Prisma und es gelang ihm, das Sonnenlicht in seine Regenbogenfarben zu zerlegen. Farben sind eine Mischung und er erklärte die Farben mit Korpuskeln, die beim Durchgang durch das Prisma unterschiedlich abgelenkt werden. Seit Newton geht Licht nicht vom Betrachter aus. Die Farben von Gegenständen entstehen durch unterschiedliche Reflexion des einfallenden Lichts und haben ihre Quelle nicht im Objekt selbst. Dies ist die physikalische Erklärung. Demgegenüber gibt es die physiologische Deutung, wonach man beim Betrachten von Menschen, Gegenständen und Farben bestimmte Farbeindrücke empfindet. So gesehen sind sie Attribute der Objekte, die etwas über dessen Träger aussagen. Dies war die Sicht von Goethe, der sich nie mit der Farbentheorie von Newton anfreunden konnte. Licht kann auch mit Gitterstrukturen, die in Glas eingeritzt werden, in seine Spektralfarben zerlegt werden[13]. Hier vereinigt sich die Handwerkskunst der Metallbearbeitung mit der Kunst der Glasbearbeitung.

Interferometer
Newtons vorher erwähnte Lichttheorie, nach der ein Lichtstrahl aus mechanischen Korpuskeln bestehen soll, kam ins Wanken, als man Interferenzerscheinungen des Lichts beobachten konnte. Interferenz entsteht, wenn sich zwei Wellen überlagern, wobei an den einen Stellen zwei Wellenberge sich verstärken, an anderer Stelle aber auslöschen, da durch unterschiedliche Laufzeiten eine Phasenverschiebung von 180° entstanden ist. Huygens hatte schon 1690 die Wellentheorie des Lichtes entwickelt, die sich

aber bei den Physikern erst gegen Newtons Theorie durchsetzen konnte, nachdem man die Interferenzmuster beobachtet hatte. Nun war der Bau von neuen Instrumenten möglich, wobei man kleine Längenabweichungen messen konnte. Mit solchen Interferometern konnte man aber auch die Lichtgeschwindigkeit in verschiedenen Medien bestimmen, wenn in einem Ast des Lichtwegs eine durchlässige Substanz eingebracht wurde. Nebst hohen Ansprüchen an die Qualität der Spiegel sind dabei auch die Anforderungen an die mechanischen Halterungen sehr gross, damit präzise Messungen durchgeführt werden können.

Es war eine offene Frage, wie sich Licht als Welle ausbreiten konnte. Schall breitete sich in der Luft aus. So nahm man auch eine Trägersubstanz an, die ähnliche Eigenschaften wie Luft haben müsste, in der sich das Licht fortbewegen konnte. Diese Substanz nannte man Äther. Michelson überlegte sich einen Versuch, mit dem er die Existenz des Äthers beweisen wollte. Da sich die Erde um die Sonne dreht, muss sie sich durch den Äther bewegen. Dadurch sollte sich ein Ätherwind einstellen. Wenn nun der eine Strahl seines Interferometers in Richtung der Erdbewegung ausgerichtet und der andere senkrecht dazu verlaufen würde, so müsste sich ein Unterschied in der Ausbreitungsgeschwindigkeit der beiden Lichtstrahlen feststellen lassen Zusammen mit Edward Morley zusammen startete Michelson 1887 seinen Versuch, er konnte aber keinen Äther nachweisen. Die Lichtgeschwindigkeit war in beiden Richtungen gleich gross und konstant.

Hier nun setzt Einsteins Spezielle Relativitätstheorie an. Bis zu Einstein hatten sich die Physiker die von Galilei aufgestellte und von Newton mathematisch gefasste Relativitätstheorie zu eigen gemacht, die gegenüber den aristotelischen Vorstellungen schon revolutionär war und scheinbar dem gesunden Menschenverstand widersprach. Danach ändern sich die Gesetze der Physik und mit ihnen die Erscheinungen und Beobachtungen nicht, wenn man sich anstatt in Ruhe in gleichförmiger Bewegung befindet. Nun postulierte Einstein, dass die Naturgesetze jedem Beobachter gleich erscheinen müssten, wenn er sich in freier Bewegung befände. Immer würde man den gleichen Wert für die Lichtgeschwindigkeit erhalten, unabhängig von der Bewegung des Beobachters. Damit musste man aber die Vorstellung über Bord werfen, es gäbe eine universelle Grösse „Zeit", die von allen Uhren in gleicher Weise gemessen würde. Die Zeit ist relativ und von der Bewegung zwischen Beobachter und Uhr abhängig.[14] Aus Einsteins Postulat ergab sich dann der Schluss, dass sich nichts schneller als das Licht bewegen konnte und dass Masse und Energie äquivalent seien.[15]

Jeder andere wäre stolz auf das Erreichte gewesen. Nicht so der kritische Geist Einstein. Da gab es noch das andere Gesetz von J. Newton: das Gravitationsgesetz.[16] Damit konnten die Planetenbahnen errechnet und die Keplerschen Gesetze erklärt werden. Die Wirkung der einen Masse auf die andere Masse geschah in der Vorstellung Newtons augenblicklich. Wenn aber diese Wirkung sich auch nur mit Lichtgeschwindigkeit ausbreiten konnte, dann brauchte es eine allgemeine Relativitätstheorie, wobei Einstein die Gravitation dadurch erklärte, dass auch der Raum nicht unabhängig von den Massen existierte. *„Einsteins Allgemeine Relativitätstheorie verwandelte Raum und Zeit aus passiven Elementen, die lediglich den Hintergrund von Ereignissen bildeten, in aktive Teilnehmer an der Dynamik des Universums"*, wie Stephen Hawking sagt. Oder in Einsteins Worten: *„Früher hat man geglaubt, wenn alle*

Dinge aus der Welt verschwinden, so bleiben noch Raum und Zeit übrig; nach der Relativitätstheorie verschwinden aber Zeit und Raum mit den Dingen."

Während die Gültigkeit der Speziellen Relativitätstheorie durch Experimente unter Laborbedingungen nachgewiesen werden kann und beim Bau eines Teilchenbeschleunigers berücksichtigt werden muss, kann die Allgemeine Relativitätstheorie nur durch kosmologische Beobachtungen verifiziert werden. Hier allerdings hat man noch keinen Effekt gefunden, welcher dieser Theorie widerspricht. Die Relativitätstheorie lässt verschiedene Modelle für das Universum zu, wobei die Urknallhypothese am wahrscheinlichsten zu sein scheint. Sie ist das Resultat eines ziemlich aufwendigen Puzzles, muss aber nicht der Weisheit letzter Schluss sein. Da gibt es immer noch unbekannte Elemente wie die von Fritz Zwicky geforderte Existenz einer dunklen Materie, nicht zu vergessen auch Stephen Hawking, der sich selbst als Positivisten bezeichnet, wobei er verschiedene Hypothesen über die Eigenschaften von Schwarzen Löchern und über Quantenfluktuationen aufstellt, die das heutige Bild des Kosmos modifizieren könnten. Allerdings konnten dazu bis heute noch keine Beobachtungen gemacht werden, die seine Thesen verifizieren oder falsifizieren würden. Weiter spekuliert er über Wurmlöcher und Zeitreisen. Anscheinend wendet er hier mathematisch-physikalische Theorien auf Menschen und Dinge an, für die sie gar nicht definiert sind. Immerhin sind diese Fantasien gut für Science Fiction-Romane. Michelson hat mit seinem Interferometer und seinem Experiment zum Äther aber den Grundstein zu einem neuen Kapitel in der Wissenschaft gelegt, bei dem die alten Axiome von Newton im wörtlichen Sinne relativiert wurden und sich ein neues Paradigma heraus entwickelte, das sicher noch lange Zeit Gültigkeit haben wird.

Chemische und physikalische Laborgeräte
Bis weit über die Mitte des 20. Jahrhunderts gab es in allen grösseren physikalischen und chemischen Labors einen Glasbläser, der Apparaturen baute und abänderte, so wie man sie für die Experimente brauchte. Glas lässt sich gut formen, ist weitgehend resistent gegenüber Säuren und mit geschliffenen Einsätzen können Flaschen vakuumdicht verschlossen werden. Daneben sind auch häufig Bechergläser und Erlenmeier im Einsatz. Besondere Bedeutung erhielt das von Torricelli 1648 entwickelte Barometer und des Quecksilberthermometer von Celsius (1742). Diese Instrumente haben die gleiche grundlegende Bedeutung für Physik und Chemie wie die Uhr und die Waage.

Glasfaser
Eine weitere interessante Entwicklung in der Technik der Glasbearbeitung war die Herstellung von Fiberglas. Dabei wird geschmolzenes Glas durch kleine Löcher gepresst und die austretenden Glasfäden verzwirnt. In gewobener Form ist es ein exzellentes Isoliermaterial für Wärme und Elektrizität. Die Weiterentwicklung dieser Technik führte zu den Glasfasern, wie sie heute zur Übertragung grosser Datenmengen verwendet werden. Sie bilden das ‚Backbone' (Rückgrat) für die leistungsfähige Verbindung zwischen den verschiedenen Supercomputerzentren eines Landes oder von Kontinenten, wodurch erst das Funktionieren des Internets möglich wurde[17]. Mit dem Bedarf an immer mehr Bandbreite für die Datenübertragung ist es nur noch eine Frage der Zeit, bis praktisch alle Betriebe und Haushalte über

Glasfaserkabel vernetzt und die bisherigen Kupferleitungen ersetzt sein werden. Mit dem Internet ist die Ressource ‚Wissen' überall immer besser verfügbar, wobei sich daraus neue wissenschaftliche Fortschritte und Erkenntnisse ergeben werden.

Ein weiterer Fortschritt der Glasherstellung und der Spiegel ist der Laser. Im Rubinlaser wird glasartiges Aluminiumoxid mit Chrom dotiert und angeregt, aus extrem reinem Glas mit Zusätzen von Neodym entsteht der Neodymlaser. Um die Resonatorbedingungen für den Laser hinzukriegen, benötigt man extrem flache Spiegel. Natürlich brauchte es zur Entwicklung des Lasers gute Kenntnisse der physikalischen Zusammenhänge, aber ohne die technischen Entwicklungen in der Glasherstellung hätte man nie einen Laser bauen können. Laser werden für Messungen in der Physik und der Chemie angewandt, dienen der Datenübertragung und haben zum Fortschritt in der Medizin, insbesondere in der Augenheilkunde, beigetragen. Glas ist damit zu einem der wichtigsten Werkstoffe überhaupt geworden.

2.4   Fotografische Technik

Als Erfinder der Fotografie gilt der Engländer W.H.F. Talbot; das älteste erhaltene Lichtbild wurde 1822 von J.N. Niepce erstellt. Im Jahre 1839 entwickelte Louis Daguerre ein Verfahren, mit dem ein Bild mittels eines chemischen Vorgangs auf eine Metallplatte gebannt wurde. Grundlage der Fotografie war die Entdeckung der Chemiker, dass Silberhalogenide lichtempfindlich sind. Werden solche Moleküle in eine Gelatine eingebracht, so erhält man eine fotografische Emulsion, die auf Platten oder Folien aufgebracht werden kann. Dass die Fotografie nicht nur viele Anwendungen im täglichen Leben, sondern auch in der wissenschaftlichen Forschung gefunden hat, liegt darin, dass eine fotografische Aufnahme ein objektives Dokument ist, das verschiedene Wissenschaftler auswerten können. Damit hat sie einen höheren Grad an Objektivität als einmalige Beobachtungen durch das Auge oder das Messen und Protokollieren eines Effekts durch einen Experimentator. Zudem können sehr schwache Signale dadurch registriert werden, dass man die Belichtungszeit entsprechend lange wählt. Die von den einfallenden Photonen (oder anderen Korpuskeln) zur Einleitung der chemischen Reaktion abgegebenen Energiepakete werden über die ganze Belichtungszeit aufaddiert und hinterlassen so eine auswertbare Schwärzung auf der Fotoplatte.

Astronomie

Die Technik der Fotografie ermöglichte den Astronomen das genaue und objektive Festhalten von Beobachtungen. Zudem konnten stellare Objekte entdeckt werden, die von blossem Auge nicht sichtbar waren. Allerdings stellte diese neue Form der astronomischen Beobachtungen hohe Anforderungen an die Technik. Man musste sicher sein, dass nicht der Rest einer Chemikalie oder eine Unregelmässigkeit in der Emulsion Objekte oder Sternnebel vortäuschten, die es in der Wirklichkeit nicht gab. Im Harvard-College-Observatorium wurde in der Folge eine grosse Zahl fotografischer Aufnahmen gemacht. Henrietta Leavitt erwarb sich grosse Verdienste in der Auswertung und Klassifizierung dieser Fotografien. Dabei erkannte sie, dass sich die sogenannten Cepheiden, deren Helligkeit periodisch schwankte, als Massstab für die Entfernung genommen werden konnte. Darauf basierend leitete 1929 Edwin Hubble das nach ihm benannte empirische Gesetz ab. Hubbles Messungen legten den Schluss nahe, dass sich das Universum ausdehnt. Als Umkehrschluss musste sich das Universum früher in einem kleinen, verdichteten Zustand befunden haben. Darauf basierend entstand die Urknallhypothese, die mit der später entwickelten Allgemeinen Relativitätstheorie von Einstein weiteren Auftrieb erhielt.

Die Fotografie verhalf der Astronomie noch zu weiteren Erkenntnissen. Aufgrund spektroskopischer Analysen, die auf Fotofilmen festgehalten wurden, konnten Kirchhoff und Bunsen die dunklen Streifen im Sonnenlicht erklären und die Existenz von Natrium in der Sonne nachweisen. Später analysierte man die Spektren der Sterne und konnte feststellen, welche Elemente in den verschiedenen Sternen vorhanden waren. Damit war klar, dass auf den Gestirnen die gleichen Elemente vorkamen wie auf der Erde. Aristoteles und mit ihm alle Lehrer des Mittelalters gingen noch davon aus, dass die irdische und die himmlische Materie anders zusammengesetzt sein müssten und die Astrologen glaubten gar an einen göttlichen oder mythischen Einfluss der Sterne auf das Geschehen auf der Erde.

Röntgenstrahlen und Röntgendiagnostik
Hätte es keine Fotoplatten gegeben, so hätte Wilhelm Conrad Röntgen 1895 nicht die bisher unbekannten Strahlen entdecken können, die heute seinen Namen tragen. Dies ist wohl das schönste Beispiel, dass viele wissenschaftliche Fortschritte erst stattfinden konnten, nachdem durch technische Entwicklungen neue Möglichkeiten erschlossen worden war. Damals führten viele Forscher Experimente zum besseren Verständnis der Kathodenstrahlen[18] durch, wobei sicher auch diese Strahlen entstanden. Röntgen war sicher nicht der Erste, der diese X-Strahlen erzeugt hat. Diese Forscher aber glaubten, es sei ein ‚Dreckeffekt', der zu Schleiern auf den Fotoplatten geführt habe. Rönt-

gen war ein objektiver Beobachter ohne vorgefasste Meinungen. Mit fluoreszierenden Salzen untersuchte er die Leuchterscheinungen und stellte fest, dass sich die Strahlen nicht durch ein Magnetfeld ablenken liessen, also keine Kathodenstrahlen sein konnten. Mit seinen Experimenten konnte er zeigen, dass die neuen Strahlen gleiche Eigenschaften wie das Licht hatten, aber viele Substanzen durchdringen konnten. Im Folgejahr erfolgte die erste Anwendung der Röntgenstrahlen in der Medizin, wobei die Knochen eines gebrochenen Armes mit Hilfe eines Röntgenbilds zusammengefügt wurden. Das Röntgen ist heute wohl das verbreitetste Standardverfahren in der medizinischen Forschung und Praxis. Dabei geht es nicht nur um die Röntgendiagnostik im akuten Krankheitsfall, sondern auch um die Fotodokumentation[19], womit der Krankheitsverlauf besser verstanden und die Wirkung von Therapien studiert werden kann. Weitere wissenschaftliche Anwendungen der neu entdeckten Strahlen findet man in der Röntgenastronomie, wodurch weitere Aufschlüsse über das Universum möglich wurden. Bekannt ist auch die Röntgenbeugung. Beim Durchtritt von Röntgenstrahlen durch Kristalle entstehen typische Interferenzerscheinungen, wodurch man nach der

Radioaktivität
Etwa zur gleichen Zeit wie Röntgen begann Henri Becquerel mit der Untersuchung fluoreszierender Minerale. Als er Uransalz wählte und dieses neben eine in schwarzes Papier eingewickelte fotografische Platte legte, entdeckte er eine Schwärzung der Platte. Uran ist, wie man heute sagt, radioaktiv und strahlt. Marie und Pierre Curie entdeckten dann weitere Elemente mit radioaktiven Eigenschaften, das Radium und das Polonium. Mit Hilfe der Fotografie konnte man den Nachweis erbringen, dass

es drei Arten von radioaktiven Strahlen gibt, die α-, die β- und die γ- Strahlen.

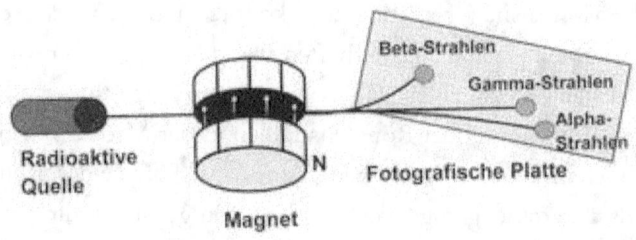

Die von der Quelle emittierten Strahlen werden im Magnetfeld unterschiedlich abgelenkt. Alpha-Strahlen: Heliumkerne; Beta-Strahlen: Elektronen; Gamma-Strahlen: Elektromagnetische Strahlen.

Abb. 4: Radioaktive Strahlen

Fotolithografie
Eine neuere Anwendung der fotografischen Technik ist die Fotolithografie zur Herstellung integrierter Schaltkreise, die als Computerbausteine oder als Speichermedien Verwendung finden. Dabei wird die Fotoemulsion direkt auf die Siliziumwafer aufgebracht und über Masken belichtet. Hernach kann durch Ätzen die gewünschte Struktur erzeugt werden. Für sehr feine Auflösungen kann auch direkt mit Elektronenstrahlen die Fotoschicht beschrieben werden. Es ist eine Ironie des technischen Fortschritts, dass die Massenanwendungen der Fotografie nun immer mehr durch Aufnahmen mit der Digitalkamera ersetzt werden. Die Digitaltechnik, die erst durch die Fotolithografie möglich wurde, kannibalisiert.

2.5 Licht- und Wärmequellen

Während des 19. und zu Beginn des 20. Jahrhunderts fand die grosse Umwälzung in der Energieversorgung statt. 1810 wurde in London die Gasbeleuchtung eingeführt, 1824 gab es den ersten Gaskochherd. Die Gasversorgung erfolgte über spezielle Behälter und später durch Gasleitungen. Brennendes Gas gab eine saubere Flamme ohne Russpartikel im Gegensatz zu anderen Heizmethoden wie das Verbrennen von Holz oder Kohle.

Die andere wichtige Energiequelle war die Elektrizität. Da gab es den Streit zwischen Gleichstrom, der von Edison favorisiert wurde, und dem von Tesla geförderten Wechselstrom. Als Tesla 1888 den Drehstrommotor erfand, war der Streit schnell entschieden. Nun wurden Städte und ganze Ländereien mit Drehstrom-Hochspannungsleitungen versorgt, sodass bald in allen Haushalten und Labors elektrische Energie zur Verfügung stand. Beide Techniken eröffneten viele neue Anwendungen und führten zu neuen wissenschaftlichen Erkenntnissen.

Spektroskopie
Die in chemischen Labors wohl am meisten gebrauchte Wärmequelle ist der 1855 von Bunsen entwickelte Brenner. Der Bunsenbrenner diente aber nicht nur als Wärmequelle zum Schmelzen von Metallen und zum Erhitzen von Flüssigkeiten. Bunsen entdeckte, dass mit der Flamme des Brenners chemische Analysen durchgeführt werden konnten. Erhitzte oder verbrannte man ein Material, so entstanden für die Materialien typische Farben. Mit Hilfe von Prismen erhielt man so die Spektren der in der Flamme erhitzten Chemikalien. Damit war der Grundstein zur Spektroskopie gelegt. Die Registrierung der Spektrallinien wird

dann besonders schön, wenn man dazu Farbfilme verwendet. Die Spektroskopie kann nicht nur für die chemische Analyse im Labor eingesetzt werden. Kirchhoff und Bunsen konnten damit die dunklen Streifen im Sonnenlicht erklären und die Existenz von Natrium in der Sonne nachweisen. Später konnte man so die Spektren der Sterne untersuchen und feststellen, welche Elemente in den verschiedenen Sternen vorhanden sind[20].

Lichtbogen, Laser und Plasma

Im Maschinenbau sind Schweissapparaturen von grosser Bedeutung. Dabei spielen sowohl Gas als auch Elektrizität eine wichtige Rolle. Die für den Schweissvorgang notwendige Flamme stellt physikalisch gesehen ein Plasma dar, in dem nebst den neutralen Atomen auch ionisierte Teilchen und Elektronen vorhanden sind. Damit wurde der Weg zur Plasmaphysik eröffnet, wobei man oft vom vierten Aggregatzustand spricht. Damit konnten Vorgänge, wie sie zum Beispiel in der Sonne ablaufen, studiert und erklärt werden. Mit Plasmen hofft man eines Tages Fusionsreaktoren herstellen zu können, in denen es zur kontrollierten Kernverschmelzung kommt, wodurch dann eine neue, fast unerschöpfliche Energiequelle zur Verfügung stünde.

Eine Licht- und Wärmequelle neuerer Art stellt der Laser dar. Der Laser selbst ist ein kompliziertes, technisch anspruchsvolles System. Laserlicht ist monochromatisch und kann zu einem energiereichen Strahl fokussiert werden. Damit können zum Beispiel Metalle geschnitten oder verschweisst werden. Auch zur Erzeugung von Plasmen mit extrem hohen Temperaturen, wie sie für die Fusion nötig sind, werden vermehrt Laserexperimente durchgeführt.

Eine etwas kuriose Geschichte ist der Wettbewerb zwischen der Gasbeleuchtung und der Beleuchtung durch elektrische Glühbirnen. Im Jahre 1879 hatte Edison eine technisch einsetzbare Glühlampe erfunden, die der Gasbeleuchtung Konkurrenz machen konnte. Welche Beleuchtungsart war nun objektiv die bessere? Physiker sahen darin eine wissenschaftliche Fragestellung. Man wollte deshalb die beiden Lichtquellen mit der Hohlraumstrahlung eines schwarzen Körpers vergleichen. Diese Strahlung hängt einzig von der Temperatur des Körpers ab, der über eine kleine Öffnung Licht nach aussen abgibt. In der Physikalisch-Technischen Reichsanstalt in Berlin wollte man die erwähnte Fragestellung endgültig klären. Dazu musste man aber die genaue Form des Spektrums kennen, das aus dem schwarzen Körper austrat. Eine genügend genaue Theorie zur Erklärung des Spektrums existierte damals noch nicht. Da entwickelte 1900 Max Planck seine Theorie, dass das Licht nicht als Welle von den Wänden des Hohlraums ausgesandt werde, sondern in einzelnen, nicht teilbaren Stücken, den sogenannten Quanten. Mit Hilfe dieser Annahme war es ihm möglich, das Spektrum der Hohlraumstrahlung zu erklären, und die Kollegen von der Reichsanstalt konnten sofort bestätigen, dass Theorie und Experiment miteinander übereinstimmten. Dies war die Geburtsstunde der Quantenmechanik. Die Entscheidung zwischen Gasbeleuchtung und Glühbirne fiel jedoch nicht aufgrund physikalischer Messungen. Letztlich setzte sich die wirtschaftlich sinnvollere Lösung durch. Anzumerken bleibt, dass Albert Einstein die Idee der Lichtquanten sofort akzeptierte und 1905 damit eine Erklärung für den photoelektrischen Effekt liefern konnte, für die er 1922 den Nobelpreis erhielt.

2.6 Agrotechnik

Agronomie

Die Agrotechnik, welche von Bauern und Agronomen entwickelt wurde, basiert wie die mit ihr verwandten Wissenschaften der Biologie und der Ökologie auf Beobachtung und Erfahrung. Ein abstrakter theoretischer Überbau, wie man dies aus der Physik und Chemie kennt, fehlt weitgehend. Entsprechend lösten die Fortschritte in der Agrotechnik keine spektakulären Umwälzungen in der Wissenschaft aus. Allerdings wurde die Agrotechnik selbst durch äussere Ereignisse revolutioniert. Als Erstes ist die Erfindung des Pfluges, vor allem des germanischen Pfluges, zu nennen. Hier brachte die Schmiedekunst einen wichtigen Durchbruch. Dabei konnten durch den Einsatz der Muskelkraft von Ochsen die Felder besser bestellt und höhere Erträge erwirtschaftet werden. Die zweite grosse Umwälzung brachte die Schifffahrt. Nach der Entdeckung Amerikas fanden neue Pflanzenarten wie Mais, Kartoffel und Tomate den Weg nach Europa. Dies war bis heute wohl der grösste Eingriff ins Ökosystem; gentechnisch veränderte Pflanzen, über die heute unter diesem Aspekt viel diskutiert wird, haben demgegenüber nur einen bescheidenen Einfluss. Mit den neuen Nahrungsmitteln konnten Hungersnöte weitgehend bekämpft werden. Dies war ein Grosserfolg der Agrotechnik. Als Drittes ist der Einsatz chemischer Düngmittel zu erwähnen. Um 1840 konnte der Chemiker Justus von Liebig die wachstumsfördernde Wirkung von Stickstoff, Phosphaten und Kalium nachweisen. Zwischen 1905 und 1908 entwickelte der Chemiker Fritz Haber die katalytische Ammoniak-Synthese. Dem Industriellen Carl Bosch gelang es daraufhin, ein Verfahren zu finden, das die massenhafte Herstellung von Ammoniak ermöglichte. Damit konnten die Erträge im Vergleich zur Dreifelderwirtschaft und zum Einsatz natürlicher Dünger nochmals wesentlich gesteigert werden.

Biologie
Lange Jahre herrschte in der Biologie das Aufzeichnen und Registrieren von Pflanzen und Tieren vor. Eine Pionierleistung war das 1737 von Carl von Linné eingeführte Klassifizierungssystem. Blütenblätter, Staubblätter und Stempel bildeten eine geeignete Grundlage zur Bestimmung der Pflanzen. Für die Gliederung des Systems der Lebewesen benutzte Linné die fünf Kategorien Reich, Klasse, Ordnung, Gattung und Art. Bei der Namensgebung vertraute Linné dem gesunden Menschenverstand. Er benannte den Menschen als Homo sapiens und reihte ihn unter die Primaten ein. Linné war von der Unveränderlichkeit der Arten überzeugt, eine Auffassung, die dann durch Darwin und seine Evolutionstheorie erschüttert wurde.

Heilkunde
Die Beschreibung technischer Entwicklungen wäre unvollständig, wenn nicht auch auf die Erforschung und systematische Dokumentation der Heilpflanzen hingewiesen würde. Schon zur Zeit der Sammler suchte man nicht nur für Nahrungszwecke Beeren, Pilze und andere Früchte der Natur. Man erkannte bald die heilende, aber auch die tödliche Wirkung bestimmter Pflanzen. Es waren vor allem Frauen, die Kranke und Verwundete pflegen mussten und sich damit Wissen über die Heilkunde aneigneten. Es ging um die richtige Mischung und die Zusammensetzung der Kräuter, die oft über Nutzen und Verderbnis entscheidend waren. Dabei schrieb man nicht nur den Pflanzen, die sie in Form von Tee und anderen Getränken zubereiteten und den Kranken verabreichten, sondern auch den Frauen magi-

sche Kräfte zu. Wer solche magische Kräfte hatte, musste im Mittelalter entweder eine Heilige sein, die ihre Kraft von Gott erhielt, oder eine Hexe, die mit dem Teufel im Bund stand. Viele der weisen Frauen, die zuerst um Hilfe angefleht wurden, mussten ihr Wissen mit dem Tod auf dem Scheiterhaufen bezahlen. Unter den Heiligen ragt Hildegard von Bingen heraus, die nicht nur wegen ihres Wissens über Heilkräuter bekannt wurde. Sie war auch Theologin, Dichterin, Musikerin, Visionärin und Mystikerin. Dabei musste der Mensch als Ganzes gesehen und behandelt werden. Dieser Ganzheitsgedanke hat sich in der Alternativmedizin erhalten, die noch heute oft Heilkräuter und Tee einsetzt. Man denke nur an die verschiedenen Bachblütentherapien. Der Mensch ist mehr als ein Automat mit verschiedenen Organen. Er ist ein ganzes, einmaliges Wesen, das an Körper, Geist und Seele gesund sein muss.

In der beginnenden Renaissance war es vor allem Paracelsus, der die Wirkung der Heilkräuter richtig einschätzte. Er hielt nichts von abstrakten Theorien, er vertraute auf die Natur und die in ihr vorhandenen Kräfte. Auch er ging von einer ganzheitlichen Betrachtung des Menschen aus. Trotzdem zeigte er als moderner Arzt neue Wege zur spezifischen Behandlung von Krankheiten und Organen mit chemischen Mitteln auf. Paracelsus war ein revolutionärer Geist. Wie Luther und später Galilei löste er sich von den antiken Autoritäten und Vorbildern. Auch er verwendete zur Erläuterung seiner Erkenntnisse die Umgangssprache und nicht das Latein, was ihn für viele Zeitgenossen suspekt machte. Seine Heilmethoden brachten aber grosse Fortschritte und waren nachher über lange Zeit wegweisend.

Anmerkungen

1 Wichtig war die Einführung der Null im Zahlensystem. Dies war das Verdienst der Inder, die im 3. Jahrhundert ein Dezimalsystem mit einer Null eingeführt haben.

2 Galilei löste sich damit wiederum von den Vorstellungen des Aristoteles und machte Aussagen, die dem gesunden Menschenverstand widersprachen. Dies gab der Inquisition jedoch keinen Anlass zum Eingreifen, da man dies wohl eher für eine skurrile Spekulation hielt, die niemand ernst nehmen konnte.

3 Kopernikus unterscheidet drei Bewegungen der Erde, die Tagesdrehung um sich selbst, die Jahresdrehung um die Sonne und die Drehung der Erdachsenrichtung (Präzession). Diese Vorstellungen hat Tycho Brahe nicht übernommen.

4 Nach Kepler bewegen sich die Planeten auf Ellipsen um die Sonne, die in einem Brennpunkt steht. Dabei verändern die Planeten ihre Geschwindigkeit beim Umlauf um die Sonne.

5 Hier lehnte sich Galilei an Nikolaus von Oresme (1320-1382) an. Dieser vertrat bereits die Lehre, dass sich die Erde um die eigene Achse drehe und dass ein Beobachter nur Relativbewegungen feststellen könnte. Als Nominalist bezweifelte er die aristotelische Definition der Kausalität; er wurde deshalb von der Kirche zum Widerruf seiner Lehren gezwungen.

6 Das Newtonsche Gravitationsgesetz.

7 Der grosse Lehrer der Chemie im 20. Jahrhundert, Linus Pauling, gibt folgende Definitionen: „Ein Element ist eine Substanz, die aus Atomen nur einer einzigen Art besteht. Eine Verbindung ist eine Substanz, die aus Atomen mehrerer verschiedener Arten besteht."

8   Galilei musste sich auch hier von der aristotelischen Vorstellung lösen, nach der die Pendelbewegung die eines Steines sei, der durch die Aufhängung daran gehindert wird, seine ihm bestimmte Bewegung auszuführen. Für ihn zeigte das Pendel eine ewig gleiche Bewegung, die nur durch die unvermeidliche Reibung abklang. Auch hier scheint Nikolaus von Oresme mit seinen Vorstellungen Pate gestanden zu sein.

9   Wegen der in den USA verfassungsmässig vorgeschriebenen Trennung von Kirche und Staat haben die Gerichte dieser Forderung bis jetzt nicht stattgegeben.

10   Dazu gehörte auch der Verschiebungsstrom. Dabei werden Ladungen in einem Dielektrikum unter der Einwirkung des elektrischen Feldes aus der Ruhelage verschoben. Sowohl Faraday wie Maxwell gingen davon aus, dass auch das Vakuum dielektrische Eigenschaften habe (Ätherhypothese).

11   Obwohl Edison als Erfinder viel bekannter ist als Tesla ist, hat nur Letzterer in der Physik ein bleibendes Andenken gefunden. Nach ihm wird die magnetische Flussdichte benannt.

12   In dieser Reihe wären auch noch Robert Wilson und Arno Penzias zu erwähnen, die mit ihrem Radioteleskop den Himmel abtasteten und nach Rauschquellen suchten. Dadurch wurde die im Mikrowellengebiet liegende Hintergrundstrahlung entdeckt, ein wichtiges Argument für die Urknallhypothese.

13   Gitter werden auch als Gitterkoppler verwendet. Damit kann zum Beispiel Laserlicht auf eine Glasfaser oder eine dünne Schicht aus Tantaloxid eingekoppelt werden. Darauf beruhen neuere Messprinzipien, mit denen man Gen-Antigen-Reaktionen feststellen kann, was für die Pharmaforschung von grosser Bedeutung ist.

14   Damit ergeben sich die Zeitdilatation und die Längenkontraktion, die man dann beobachten kann, wenn sich ein

System gegenüber dem andern mit nahezu Lichtgeschwindigkeit bewegt.

15 Heute allen bekannt ist die Gleichung $E = m \cdot c^2$. Die Konsequenz dieser Gleichung kennen wir aus der Wirkung der Atombombe.

16 Die Anziehungskraft zweier Körper der Masse m_1 und m_2 ist gleich dem Produkt dieser Massen geteilt durch den Abstand r im Quadrat:
$K = (m_1 \times m_2)/r^2$

17 Damit die Streuverluste im Glas gering sind, braucht es hochreines Quarzglas. Dies war die Forderung, die Charles Kao schon in den 1960er Jahren aufgestellt hatte. 2009 erhielt er dafür den Nobelpreis.

18 Kathodenstrahlen sind, wie man heute weiss, Elektronenstrahlen. Um die Versuche durchführen zu können, benötigte man ein evakuiertes Glasgefäss und Hochspannung zur Beschleunigung der Elektronen. Die Technik musste bis zu diesem Zeitpunkt auf all diesen Gebieten entsprechende Fortschritte gemacht haben.

19 Zur Dokumentation gehören neben den Röntgenbildern auch normale fotografische Aufnahmen (Beispiel: Kieferchirurgie).

20 Zur Interpretation der Spektrallinien entwickelte Nils Bohr sein bekanntes Atommodell. Nachdem Zeeman entdeckte, dass die Spektrallinien im Magnetfeld aufgespaltet werden, führte dies zur Erkenntnis, dass die Elektronen ein magnetisches Moment und einen Spin besitzen müssen.

3

Verfahrenstechnik

3.1 Dampfmaschine

Die Erfindung
Selten hat eine technische Entwicklung zu so vielen Revolutionen auf gänzlich unterschiedlichen Sachgebieten geführt wie die Erfindung der Dampfmaschine, die meist James Watt zugeschrieben wird. Es ist deshalb nicht verwunderlich, dass sich um diese Erfindung viele Legenden ranken. So wird erzählt, dass James in der Küche seiner Mutter einen kochenden Wasserkessel beobachtete, der durch Dampf den Deckel aufhob, was ihn auf die Idee zur Dampfmaschine brachte. Andere Autoren sprechen davon, dass Watt 1765 eine druckerzeugende Maschine reparierte, die er dann so umbaute, dass sie kontinuierlich mechanische Arbeit verrichten konnte. Erste Verwendungen fanden diese neuen Maschinen als Pumpen im Bergbau zur Entwässerung der Stollen. Doch schon bald begann der Siegeszug der Dampfmaschine in der Industrie: Baumwollspinnereien, Webereien, Getreide- und Ölmühlen, Sägewerke, Eisengiessereien, sie alle setzten die neuen Antriebsmaschinen ein. Dabei wurde nicht nur die Wasserkraft, sondern auch die Muskelkraft von Tieren und Menschen ersetzt. Es entstand eine enorme Steigerung der Produktivität und eine Beschleunigung in der Entwicklung der Technik. Durch die Industrialisierung untermauerte England sowohl seine militärische als auch seine wirtschaftliche Vormachtstellung in Europa. In Amerika wurden vor allem die grossen logistischen Probleme, die sich aufgrund der langen Distan-

zen zwischen den Zentren ergaben, durch Eisenbahnen mit Dampflokomotiven gelöst.

Physikalische Konsequenzen
Mit der Nutzbarmachung der Wärmeenergie in der Dampfmaschine wurde ein neues Kapitel in der Physik eröffnet: die Thermodynamik. Der erste Hauptsatz macht eine Aussage über das Wesen der Wärme. Danach stellt die Wärmemenge eine Form von Energie dar. Dabei gilt das Prinzip der Erhaltung der Energie. Gemäss Robert Mayer ist in einem abgeschlossenen System der gesamte Energievorrat, also die Summe aus Wärmeenergie, mechanischer Energie und elektrischer Energie, konstant. Wenn nun der Energievorrat eines abgeschlossenen Systems konstant ist, ist es nicht möglich, eine Maschine zu konstruieren, welche Arbeit leistet, ohne die Energie aus einer äusseren Quelle zu schöpfen[1].

Der erste Hauptsatz macht eine Aussage über die Energiebilanz, die bei jeder Umwandlung von mechanischer Energie in Wärme und umgekehrt erfüllt sein muss. Ob eine solche Umwandlung unter gegebenen Bedingungen stattfindet und welcher Anteil umgewandelt wird, darüber sagt der erste Hauptsatz nichts aus. Aus Erfahrung wusste man, dass mechanische Energie z. B. durch Reibung restlos in Wärme verwandelt werden kann. Wie stand es aber mit dem umgekehrten Vorgang? – Der französische Ingenieur Sadi Carnot war der Meinung, dass Napoleon nur deswegen von den Engländern geschlagen worden sei, weil diese dank ihrer Dampfmaschine über eine ungeheuer grosse Industrieproduktion verfügten. Frankreich brauchte deshalb die beste Dampfmaschine, um wieder zu den Engländern aufschliessen zu können.

Bei seinen Untersuchungen an der Wärmekraftmaschine schematisierte Carnot die Vorgänge durch einen Kreisprozess. Mit dieser Abstraktion, bei der er von zwei grossen Wärmebehältern unterschiedlicher Temperatur ausging, konnte er zeigen, dass selbst unter idealen Bedingungen der Wirkungsgrad der Wärmekraftmaschine stets kleiner als eins sein musste. Damit ergab sich die Schlussfolgerung, dass die Energieumwandlung nicht vollständig rückgängig gemacht werden kann[2]. Die Weiterführung der Theorie durch Rudolf Clausius führte dann zu einer Grösse, die er Entropie[3] nannte. Der zweite Hauptsatz sagt aus, dass in einem abgeschlossenen System bei Änderung des Zustands die Entropie zunimmt. Dieser zweite Hauptsatz ist ein Erfahrungssatz. Er besagt, dass in einem sich selbst überlassenen System ein Übergang von der Ordnung zur Unordnung stattfindet und nicht umgekehrt.

Das Schisma in der normalen Wissenschaft
Die Dampfmaschine von Watt brachte die industrielle Revolution, sie brachte aber auch eine wissenschaftliche Revolution. Das mechanistische Weltbild, das auf den bekannten Newtonschen Axiomen basierte und von Laplace verabsolutiert wurde, geht davon aus, dass alle zu beobachtenden Erscheinungen mit Hilfe der Bewegungsgleichungen erklärt werden können. Damit sind Vergangenheit und Zukunft rein deterministisch. Nun konnten aber Phänomene der Wärmelehre wie die spezifische Wärme oder die Zunahme der Entropie, womit eine eindeutige Zeitrichtung vorgegeben wurde, mit diesem Gedankenbild nicht in Einklang gebracht werden. Man versuchte deshalb, die Thermodynamik mit den aus ihr abgeleiteten Potenzialen und Flüssen als das neue, umfassende Paradigma der Physik zu etablieren.

Dies führte zur Schule der Energetiker, deren Gedanken später kurz skizziert werden sollen. Auf der andern Seite gab es die Anhänger eines atomistischen Weltbildes, die in der Wärme ein Resultat einer ungeordneten Molekülbewegung sahen. Danach war die Temperatur ein Mass für die mittlere Geschwindigkeit der Molekülbewegung, und Ludwig Boltzmann interpretierte die Entropie als Wahrscheinlichkeit eines Zustandes[4]. Dass die Entropie einem Maximalwert zustrebt, heisst dann nichts anderes, als dass man nach einiger Zeit den wahrscheinlichsten Zustand des Systems antreffen wird. Abweichungen sind zwar möglich, aber unwahrscheinlich.

Für die Energetiker waren die Energie und der Energietransport das entscheidende Prinzip der Physik. Energie war nach dieser Auffassung grundlegender als Substanz, Materie und Masse[5]. Sie sahen in der Entropie eine mengenartige Grösse die, wie die elektrische Ladung, zu Energieströmen führen kann. Dabei strömt die Entropie von Stellen höherer Temperatur zu Stellen niedrigerer Temperatur. Beim elektrischen Analogon strömt Ladung von Stellen höheren Potenzials zu Stellen niedrigeren Potenzials. In dieser phänomenologischen Betrachtung ist die elektrische Ladung nicht direkt an atomistische Teilchen oder Moleküle gebunden[6]. Das Gleiche konnte auch für die Entropie in Anspruch genommen werden. Diese Theorie war erfolgreich in der Erklärung der Wärmeleitphänomene und bei chemischen Reaktionen. Sie ist auch gut anwendbar in der Technik, wenn es gilt, Wärmekraftmaschinen zu berechnen und richtig zu dimensionieren. Heute fast unverständlich ist der Umstand, dass ihre Vertreter (z. B. Mach und Ostwald) die Existenz von Atomen verneinten, was zu heftigen Streitereien mit den Vertretern der Atomtheorie führte. Sommerfeld berichtet von einer Tagung in

Lübeck 1895 wie folgt: *„Die Auseinandersetzung zwischen Boltzmann und Ostwald erinnerte sowohl vom Inhalt als auch von der Form her an den Kampf zwischen einem Stier und einem wendigen Torero. Diesmal blieb jedoch trotz aller Fechtkünste der Torero (Ostwald) auf dem Platz. Boltzmanns Argumente waren umwerfend. Wir Mathematiker standen alle auf Seiten Boltzmanns."* Mach selbst hat aber nebst all seinen wissenschaftlichen Verdienste auch klargestellt, dass es in der Physik primär darum geht, einfach handhabbare Beziehungen zu finden, damit Phänomene und experimentelle Resultate erklärt werden können. Was darüber hinaus geht, ist nach Mach ‚Metaphysik'.

Substitution

Die Dampfmaschine, welche die Welt revolutionierte, wurde bald durch neuere, bessere Entwicklungen abgelöst. Benzin- und Dieselmotoren in Autos sorgten für eine höhere Mobilität, Fabriken und Eisenbahnen wurden elektrifiziert, sodass dampfgetriebene Bahnen und Schiffe heute nur noch nostalgische Bedeutung haben. Das Problem aber ist immer dasselbe geblieben: Wie kann natürlich vorkommende Energie – Kohle, Erdöl, Kernenergie, Wasser, Wind- oder Sonnenenergie – in mechanische Energie umgewandelt und so für den Menschen nutzbar gemacht werden?

3.2 Chemische Verfahrenstechnik

Der Chemieingenieur

Es gibt zwei Gruppen von Chemikern: die Wissenschaftler und die Chemieingenieure. Die Wissenschaftler untersuchen die Materien oder Stoffe in all ihren Erscheinungsformen, ihrem Aufbau, ihren Eigenschaften und vor allem, wie durch chemische Reaktionen andere Stoffe entstehen können. Chemie ist eine experimentelle, auf Erfahrung beruhende Wissenschaft. Zwar kann man sich auf einige Gesetze und Regeln wie das Avogadrosche Gesetz oder das Gesetz von Gay-Lussac verlassen. Im Übrigen lehnen sich die Chemiker an die Physik an: Atombau, Gasgesetze und Thermodynamik. Die moderne Chemie hat kaum eigenständige Paradigmen, die durch neue Resultate umgestossen werden könnten. Dafür hat sie einen reichen Schatz an Wissen und die Resultate ihrer Forschungen sind für das tägliche Leben von enormer Bedeutung.

Aufgabe der Chemieingenieure ist es, die von den Wissenschaftlern gefundenen Erkenntnisse industriell umzusetzen und dadurch nutzbar zu machen. Sie liefern damit einerseits Rohmaterialien für die weitere Forschung und andererseits fertige Produkte für den täglichen Gebrauch. Die Chemieingenieure haben auch in vielen Fällen die Voraussetzungen geschaffen für neue Erkenntnisse und wissenschaftliche Fortschritte auf andern Gebieten. Hier können nur einige wenige Beispiele von grosstechnisch hergestellten Produkten angeführt werden:

- Das Vitriolverfahren ist das älteste Verfahren zur Herstellung der Schwefelsäure. Johann Rudolph Glauber konstruierte 1650 die erste Schwefelsäure-Manufaktur der Welt.
- Das Solvay-Verfahren oder auch Ammoniak-Soda-Verfahren, das 1865 entwickelt wurde, ist ein chemischer Prozess zur Herstellung von Natriumcarbonat. 1908 entwickelte der Chemiker Fritz Haber die katalytische Ammoniak-Synthese. Dem Industriellen Carl Bosch gelang es daraufhin, ein Verfahren zu finden, das

die Herstellung von Ammoniak in grossen Mengen ermöglichte.
- Nach dem Andrussow-Verfahren wird Blausäure (HCN) aus Methan, Ammoniak uns Sauerstoff hergestellt.
- Acetylsalicylsäure ASS lässt sich aus Phenol durch eine Reaktion mit Kohlenstoffdioxid und anschliessende Acetylisierung mit Essigsäurehydrid herstellen. Nach pharmakologischer Klassifizierung ist ASS ein nichtsteriodales Antirheumatikum und ist der Wirkstoff im Aspirin.
- Petrochemische Verfahren dienen zur Verarbeitung von Kohlen-wasserstoffverbindungen von Rohbenzinen und Mitteldestillaten aus Erdöl und Erdgas. Daraus werden Kraftstoffe für Fahrzeugmotoren.
- Die Polymerisation ist eine chemische Reaktion, bei der Monomere, meist ungesättigte organische Verbindungen, unter Einfluss von Katalysatoren zu Polymeren reagieren. Daraus werden Kunststoffe hergestellt.

Wissenschaftliche Fortschritte
- Als Erstes sind die Fortschritte in der Chemie, insbesondere der organischen Chemie zu nennen. Diese wird auch die Chemie der Kohlenwasserstoffe genannt, wobei der Benzolring so was wie das Zentrum dieser Chemie darstellt.
- Der Einfluss chemischer Verfahren auf die Agrotechnik wurde bereits erläutert.
- Am Wichtigsten ist wohl der Einfluss auf die pharmazeutische Forschung und die modernen Therapiemethoden. Ohne grosstechnisch Verfahren hätten Heilmittel für Therapiezwecke nie diese Wirkung ent-

falten können. Dies gilt für einfache Mittel gegen Fieber und Schnupfen, aber auch für Mittel zur Bekämpfung des Krebses.

3.3 Kältetechnik

Verflüssigung von Gasen
Während der klassische thermodynamische Kreisprozess nach Carnot zur Erzeugung von Arbeit dient, kann mit dem gleichen Prozess durch Zuführung von Arbeit sowohl eine Kältemaschine als auch eine Wärmepumpe gebaut werden. Bei der Wärmepumpe wird das Treibmittel auf einen höheren Druck verdichtet, wobei es sich erwärmt. Bei der Kältemaschine erfolgt die Abkühlung beim Entspannen und Verdampfen des Kältemittels. Die Erfindung eines Verfahrens zur Verflüssigung von Atmosphärenluft durch Carl von Linde steht am Anfang der kryotechnischen Industrie. Beim Joule-Thomson-Effekt expandiert das Gas beim Durchgang durch eine feine Düse, was die Abkühlung bewirkt. Im Gegenstromverfahren kann das Gas soweit abgekühlt werden, bis schliesslich Verflüssigung eintritt. Eine wichtige technische Bedeutung hat der flüssige Stickstoff erlangt. Stickstoff wird bei -196°C flüssig und reagiert nicht spontan. Er wird zum Beispiel zur Lagerung biologischer und medizinischer Proben sowie zum Schockfrieren von biologischem Material verwendet.

Supraleitung
Bei der Verflüssigung von Helium wurden Temperaturen von unter 4.2 Grad Kelvin erreicht. 1911 entdeckte Kamerlingh-Onnes den Effekt der Supraleitung. Dabei sinkt der elektrische Widerstand eines Leiters unterhalb der sogenannten Sprungtempe-

ratur auf null. Ein elektrischer Strom kann so ohne Verluste transportiert werden, was wirtschaftlich grosse Vorteile verspricht. Als die beiden Forscher Müller und Bednorz vom IBM-Forschungsinstitut in Zürich-Rüschlikon im Jahr 1986 entdeckten, dass auch Keramiken supraleitend werden können, begann ein neues Kapitel in der Forschung und Entwicklung dieser Hochtemperatur-Supraleiter. In der Zwischenzeit kennt man Keramiken, die ihre Sprungtemperatur weit oberhalb der Temperatur von flüssigem Stickstoff haben, sodass man nun technische Anwendungen mit tragbarem Aufwand entwickeln kann. Und es wird wohl nur eine Frage der Zeit sein, bis Materialkombinationen gefunden werden, die schon bei Raumtemperatur supraleitend sind.

Bei den technischen Anwendungen von Supraleitern stehen weniger die grosstechnischen Anwendungen wie der Ersatz der Kupferleitungen durch die Keramiken im Zentrum des Interesses. Keramiken sind spröde und nicht duktil. Wichtiger sind wohl die neuen Möglichkeiten für die Mess- und Analysetechniken, sowie die Entwicklung von selbststabilisierenden Magnetlagern für extrem hohe Drehzahlen ohne Verwendung von Schmiermitteln. Für die Messtechnik vielversprechend sind die sogenannten SQUIDs[7], mit denen extrem kleine Magnetfelder präzise gemessen werden können. Damit könnten zum Beispiel Herz- oder Gehirnsignale registriert und erforscht werden.

3.4 Hochvakuumtechnik

<u>Die Vakuumpumpe</u>
Während die bisher betrachteten technischen Entwicklungen vor allem kommerzielle oder militärische Zwecke verfolgten, wurden

Hochvakuumpumpen primär für Forschungszwecke entwickelt. Gleichzeitig erschloss sich aber durch neue Möglichkeiten in der Verfahrenstechnik auch ein grosses wirtschaftliches Potenzial. Technik, angewandte Physik und neue wissenschaftliche Erkenntnisse entstanden in der Folge oft gleichzeitig und befruchteten sich gegenseitig. Von Hochvakuum spricht man, wenn die freie Weglänge der Moleküle[9] oder Atome vergleichbar wird mit den Abmessungen des Gefässes, das unter Hochvakuum gesetzt wird. Damit haben wir zwei Dinge vorausgesetzt, die man erst beweisen musste, nämlich, dass Atome und Moleküle existieren, und dass es ein Vakuum, das heisst, einen luftleeren Raum, geben kann. Seit Aristoteles nahm man an, dass ein Nichts nicht existieren könnte und man sprach vom ‚horror vacui'[10]. Viele Physiker, unter ihnen der berühmte und auf vielen Gebieten erfolgreich tätige Ernst Mach glaubten nicht an die reale Existenz der Atome. Für sie waren Atome höchstens eine interessante Arbeitshypothese.

Vakuumpumpen gab es schon lange und bereits 1654 hatte Otto von Guericke zeigen können, dass zwei evakuierte Halbkugeln auch nicht mit acht Pferden auseinander gezogen werden konnten. Zur Erzeugung von Hochvakuum braucht man aber nebst den einfachen mechanischen Pumpen[11] eine zweite Stufe, wobei die Diffusionspumpe die zentrale Rolle spielt.

<u>Atomphysik</u>
Im Hochvakuum wurden viele interessante Experimente durchgeführt. An metallische Platten wurden hohe elektrische Spannungen angelegt. Dies führte zur Entdeckung der Kathodenstrahlen, die von der mit dem negativen Pol verbundenen Platte

ausgingen und Richtung positiver Anode flogen. Kathodenstrahlen breiten sich geradlinig aus und werden im Magnetfeld abgelenkt. 1897 (zwei Jahre nach Entdeckung der Röntgenstrahlen) gelang J. J. Thomson der Nachweis, dass es sich dabei um negativ geladene Teilchen handelte, die wir heute als Elektronen bezeichnen. Vorher ging man von der Annahme aus, dass die Atome glatte elastische Kugeln seien, die elektrisch neutral waren. Thomson nahm an, dass die Elektronen Teil der Atome seien, die dann aber auch positive Teilchen (Protonen) enthalten mussten.

Im Labor konnten auch Gasentladungsröhren gebaut werden, indem man in ein evakuiertes Glasgefäss mit unter Spannung stehenden Anoden und Kathoden ein Gas einliess. Bei solchen Anordnungen sorgen die beschleunigten Elektronen für die Leuchterscheinungen, indem sie durch Stossprozesse Gasatome anregen oder Elektronen herausschlagen, sodass positiv geladene Teilchen (Ionen) entstehen[12]. Damit verbunden war ein unangenehmer Effekt: Die Ionen trafen mit hoher Geschwindigkeit, beschleunigt durch das elektrische Feld, auf die Kathode auf und führten zur Zerstäubung des Kathodenmaterials, welches sich an den Wänden der Glasgefässe niederschlug.

Mit einer einfachen, aber raffiniert ausgedachten Anordnung konnten Franck und Hertz 1913 zeigen, dass zur Ionisierung oder Anregung der Atome durch Elektronenstoss bestimmte, wohl definierte Energien notwendig waren. Damit konnte der Kreis zur Spektroskopie und zum lichtelektrischen Effekt[13] geschlossen werden. Für praktische Fälle ergab sich damit ein einfaches Atommodell: Das Atom ist kugelförmig, enthält negativ geladene Elektronen, die teilweise vom Atom weggetrennt werden können. Elektronen haben eine geringe Masse. Atome und Ionen sind relativ schwer. Ionen und Elektronen können im elektrischen Feld beschleunigt und durch magnetische Felder abgelenkt werden. Grosse Berühmtheit erlangte das Bohrsche Atommodell. Bei diesem kreisen die Elektronen wie Planeten um den positiv geladenen Kern. Gemäss dem Postulat von Niels Bohr (1913) können sie aber nur auf bestimmten Bahnen um den Kern laufen. Dabei strahlen sie keine Energie ab und ihr Drehimpuls kann nur ein ganzzahliges Vielfaches des Planckschen Wirkungsquantums sein.[14] Das Atom strahlt nur dann, wenn es von einer Bahn auf eine andere springt.[15]

Chemie
Nach Linus Pauling ist die Atomtheorie die wichtigste aller chemischen Theorien. Im Jahre 1805 verfocht der englische Chemiker John Dalton die Hypothese, dass die Substanzen aus kleinen Materieteilchen bestehen. Er nannte sie in Anlehnung an den griechischen Naturphilosophen Demokrit ‚Atome'[16]. Er erklärte damit, dass sich die chemischen Elemente nur in festen Mengenverhältnissen umsetzen[17]. Ein weiterer Schritt wurde 1805 von Gay-Lussac mit der Formulierung des Gesetzes über die Volumenverhältnisse reagierender Gase getan. Mendelejew und Lothar Meyer entdeckten dann die Periodizität der Elemente, was zum bekannten Periodensystem führte. Mit der Atomphysik erhielten die Chemiker eine Grundlage, um chemische Bindungen zu erklären. Als dann 1925 das Pauli-Prinzip[18] formuliert wurde, konnte das Periodensystem aufgrund der Atomphysik erklärt werden.

Die Chemiker selbst führen ihre Experimente und Forschungen nur in Ausnahmefälle unter Vakuum durch. Für sie ist die Hochvakuumpumpe kein wichtiges Hilfsmittel. Trotzdem hat sie wesentlich zu den wissenschaftlichen Fortschritten in der Chemie beigetragen. Die Chemiker verwenden gerne Modelle, die den atomaren Aufbau der Moleküle veranschaulichen.

Wissenschaftliche Messgeräte und Apparaturen
1879 stellte Edison die erste brauchbare Glühlampe her, bei der in einem Glaskolben unter Vakuum ein Kohledraht erhitzt wurde. Um höhere Temperaturen und eine längere Lebensdauer zu erreichen, verwendete man in der Folgezeit Wolframdrähte. Edison soll auch bemerkt haben, dass durch Heizen von Drähten freie Elektronen entstanden. Mit der Glühlampe bekam die Gasbeleuchtung ernsthafte Konkurrenz und die Physiker wollten wissen, welche Lichtquelle näher an die Eigenschaften eines schwarzen Strahlers komme[19].

Von grosser Bedeutung war dann die Entdeckung, dass der Elektronenstrom, der von der geheizten Kathode zur Anode floss, durch ein dazwischen eingebrachtes Gitter gesteuert werden konnte. Mit einer solchen Triode wurde es möglich, elektrische Signale zu verstärken und das von Marconi erfundene Radio konnte seinen Siegeszug antreten. Die Elektronenröhre konnte aber auch als Schalter benutzt werden, die zwischen den Zuständen ‚EIN – AUS' oder ‚NULL – EINS' unterscheiden konnte, und man kann sagen, dass damit die moderne Elektronik ihren Anfang nahm. Auf dieser Basis baute man Zähler, mit denen der radioaktive Zerfall gemessen und untersucht werden konnte. Für höhere Frequenzen wurden Magnetrons entwickelt, welche im Mikrowellenherd seine grosse Verbreitung fanden.

Wie Theorie und Praxis sich gegenseitig befruchten können, zeigt die folgende Geschichte. Im Jahr 1924 reichte der französische Prinz Louis de Broglie in Paris eine Dissertation ein, in der er vorschlug, dass nicht nur Licht sowohl Teilchen- als auch Wellencharakter besässe, sondern auch Elektronen und andere Teilchen, von denen man wusste, dass sie eine von Null verschiedene Masse besassen. Einstein soll zu diesem Geniestreich gesagt haben, de Broglie habe einen Zipfel des grossen Schleiers gelüftet.

Als diese Erkenntnis bei den Physikern akzeptiert und durch Experimente bestätigt wurde, gab es Raum für neue technische Anwendungen. Das beste Beispiel ist das Elektronenmikroskop. Mit Lichtmikroskopen konnte man eine Vergrösserung bis maximal 1500 erreichen. Wenn eine Struktur kleiner ist als die Wellenlänge des Lichts, kann man sie mit Lichtstrahlen nicht mehr sichtbar machen. Für solch winzige Gegenstände braucht man Strahlen aus Teilchen mit kleinerer Wellenlänge als der des Lichtes - zum Beispiel Elektronen. Damit können auch 1000-mal kleinere Objekte als mit Lichtstrahlen beobachtet werden, wobei man entsprechende Detektoren braucht und die Experimente unter Vakuumbedingungen durchführen muss. Eine Erweiterung stellt das Raster-Elektronenmikroskop dar, bei dem eine grössere Fläche des Objektes durch den Elektronenstrahl abgetastet und so zur Darstellung gebracht wird. Diese hoch komplizierten technischen Geräte sind zu einem der wichtigsten Hilfsmittel in der modernen Biologie geworden.

Die Weiterentwicklung dieser Technik führte 1986 zum Rastertunnelmikroskop, welches von Heinrich Rohrer und Gerd Benning im IBM-Forschungslabor in Rüschlikon bei Zürich gebaut wurde. Damit konnte man einzelne Atome auf einer Oberfläche beobachten. Die Erfindung des Rastertunnelmikroskops war nicht nur deshalb von Bedeutung, weil damit kleinste Strukturen sichtbar gemacht werden sondern, weil man diese damit gezielt manipulieren und verändern kann. Damit ist eine neue Technik, die Nanotechnik[20] entstanden. Man hofft damit neue Speicherelemente und Schaltkreise für Computeranwendungen sowie neue Schmierstoffe herstellen zu können.

In der Chemie haben die Massenspektrometer grosse Verbreitung gefunden. Dabei werden ionisierte Moleküle oder Atome im elektrischen Feld beschleunigt und in einem zur Flugrichtung quergestellten Magnetfeld abgelenkt. Je nach Masse der Teilchen ergibt sich dann eine andere Flugbahn, womit man die Zusammensetzung der zu untersuchenden Teilchen bestimmen kann. Nach dem gleichen Prinzip funktionieren die in der Kernphysik zum Einsatz kommenden Zyklotrons, wobei auch da an das erzeugte Vakuum hohe Anforderungen gestellt werden.

Dünne Schichten
Die Hochvakuumtechnik selbst ist auch Ausgangspunkt für neue technische Verfahren wie Aufdampftechnik und Sputtering. Wichtigste so hergestellte Produkte sind die optischen dünnen Schichten zur Vergütung von Linsen und Brillengläser. Fällt Licht auf eine Glasoberfläche, so wird ein kleiner Teil des Lichtes reflektiert. Dabei kann es in Mikroskopen und anderen optischen Geräten zu störenden Effekten kommen, welche die Bildauflösung verringern oder unerwünschten Farberscheinungen bewirken. Bringt man nun eine geeignete Schicht mit der richtigen Dicke[21] auf die Glasoberfläche auf, so kann das reflektierte Licht praktisch zum Verschwinden gebracht werden. Solche

Schichten werden heute meist durch Aufdampfen unter Vakuum aufgebracht.

Sputtering oder Kathodenzerstäubung wurde zuerst als Dreckeffekt bei Gasentladungen beobachtet, wobei meist ein schlecht haftender, trüber Niederschlag an den Wänden entstand. Der Grund lag im relativ geringen Vakuum, welches bei Gleichstromentladungen vorherrscht. Durch Hochfrequenzentladungen konnte man aber bei 10-mal kleineren Drücken arbeiten, wobei man zusätzlich auch Isolatoren zerstäuben konnte. Diese Technik wird sehr oft zum Aufbringen von Isolationsschichten auf Halbleiterwafer eingesetzt, die als integrierte Schaltungen in Computern eingesetzt werden. Für Leiterbahnen auf Wafern setzt man heute meist Magnetrons in flacher Bauweise (planare Magnetrons) ein, die bei noch tieferen Drücken arbeiten, wodurch ein unerwünschtes Oxidieren durch Restgase vermieden werden kann. Dasselbe gilt auch für Niedervoltbogenentladungen. Eine weitere Anwendung sind harte, verschleissarme Schichten, die auf Werkzeuge aufgebracht werden. Man weiss, dass Schichten aus Titannitrid diesen Anforderungen entsprechen. Solche Beschichtungen können unter hohen Temperaturen und hohem Druck vorgenommen werden. Allerdings können so nur hochwertige Werkzeuge beschichtet werden, welche diese Temperaturen vertragen und nicht in ihrer Form verzogen werden. Im Vakuum hingegen kann man mit Hilfe eines Niedervoltbogens ein Plasma[22] erzeugen, welches die gleichen Effekte bewerkstelligt, ohne dass die Werkzeuge auf hohe Temperaturen gebracht werden müssen. Damit hat sich das Einsatzgebiet für verschleissarme Werkzeuge vervielfacht.

Plasmaphysik

Mit den vorher beschriebenen Hochvakuumverfahren stösst man zwangsläufig in das Gebiet der Plasmaphysik vor. Das Plasma wird oft als vierter Aggregatzustand nebst fest, flüssig und gasförmig bezeichnet. Zählt man supraleitend noch dazu, dann wäre Plasma gar der fünfte Aggregatzustand. Plasmaphysik ist aus vielen Gründen schwer zu verstehen und es braucht oft die richtige Intuition oder ein Gespür, um die beobachteten Phänomene erklären zu können. Plasmen müssen unter terrestrischen Bedingungen erzeugt werden. Damit ist man weit entfernt von einem thermodynamischen Gleichgewicht. Dies gilt sowohl für Hochdruckplasmen wie Schweissflammen als auch für Niederdruckplasmen, die unter reduziertem Druck ablaufen, wie die Vorgänge beim Sputtering oder im Niedervoltbogen. Elektronen und Ionen verhalten sich zudem unter dem Einfluss von elektrischen und magnetischen Feldern unterschiedlich. Wenn man von der Erzeugung und Vernichtung der Teilchen abstrahiert, so ist das Plasma ein quasineutrales Gas, das man mit den sogenannten ‚magnetohydrodynamischen Gleichungen' beschreiben kann. Dabei können Phänomene wie die Wellenausbreitung in ionisierten Gasen untersucht werden, welche besonders bei überlagertem statischem Magnetfeld zu interessanten Resonanzerscheinungen führen[23].

Um aber das Plasma im Labor aufrechterhalten zu können, muss ständig Energie zu geführt werden. Damit verbunden sind Vorgänge, die rasch zu Instabilitäten führen, die nur mit der Chaostheorie ansatzmässig verstanden werden können. Damit ist die Plasmaphysik oft auf phänomenologische Methoden angewiesen, die nicht streng wissenschaftlich begründet werden können. Das Einschliessen von Ionen in einem Plasmastrahl spielt bei

Fusionsreaktoren eine grosse Rolle. Dabei versucht man eine kontrollierte Kernverschmelzung von Wasserstoff zu Helium herbeizuführen, wodurch eine grosse Menge Energie frei würde, die dann in elektrische Energie umgewandelt werden könnte. Dies wäre ein ‚sauberes' Atomkraftwerk. Dass dies grundsätzlich möglich ist, konnte schon nachgewiesen werden. Der grosstechnische Einsatz ist aber immer noch weit entfernt, da durch Magnetfelder konzentrierte Plasmastrahlen zu Instabilitäten neigen, was man bei entsprechenden Bedingungen schon beim oben gezeigten Plasmareaktor beobachten kann.

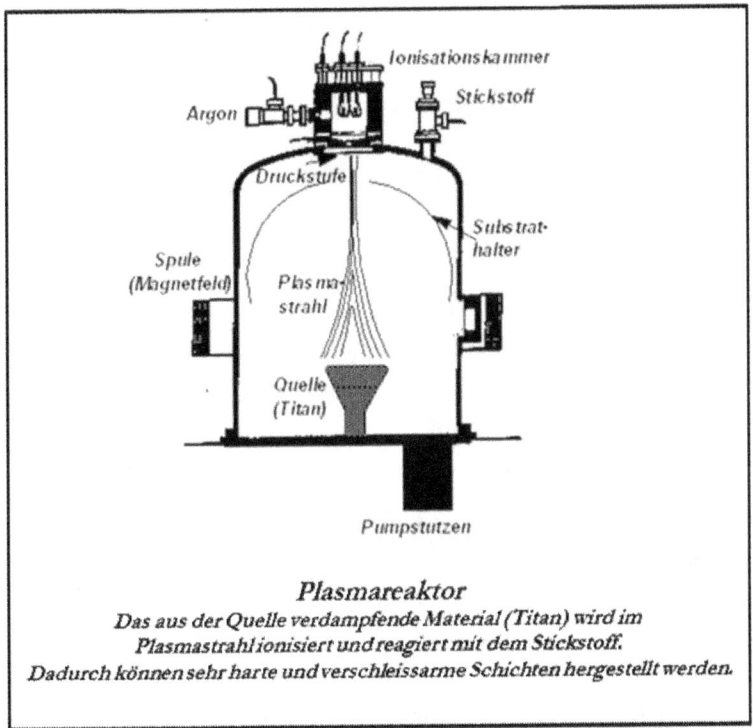

Plasmareaktor
Das aus der Quelle verdampfende Material (Titan) wird im Plasmastrahl ionisiert und reagiert mit dem Stickstoff. Dadurch können sehr harte und verschleissarme Schichten hergestellt werden.

Abb. 5: Vom Autor entwickelter Plasmareaktor

Quantenphysik
Mit den im Vakuum durchgeführten Experimenten ergab sich ein gutes Verständnis für die Physik der Atome. Man kann diesen Wissensstand als die kinetische oder bildhafte Quantenphysik bezeichnen. Sie beginnt mit der Erklärung des Schwarzen Strahlers durch Planck und des lichtelektrischen Effekt durch Einstein. Höhepunkte sind das Bohrsche Atommodell und der Welle-Materie-Dualismus nach de Broglie. Auch die Einführung der Quantenzahlen für Energie, Drehimpuls, magnetische Quantenzahl und Spin, die man zur Interpretation der Spektrallinien benötigte, gehört zur bildhaften Quantenphysik. Bildhaft soll sie genannt werden, weil sich Physiker und Ingenieure damit ein Bild von Atomen und Elektronen und ihrem Verhalten machen können, sodass verschiedene Apparate (Elektronenmikroskop, Massenspektrometer, Plasmareaktoren) konstruiert und gebaut werden konnten.

Als später die Festkörper- und Halbleiterphysik entwickelt und erklärt wurden, ging man auch von diesen Betrachtungen aus. Die Atomphysik konnte als Erweiterung der klassischen Physik betrachtet werden, wobei an den Grundprinzipien wie Kausalität und Energieerhaltung nicht gerüttelt wurde. Diese bildhafte Quantenphysik reichte bis zur Unschärferelation. Als Heisenberg von einem Kommilitonen gefragt wurde, was es zur Beobachtung eines Elektrons in einem Mikroskop brauchen würde, da gab er zur Antwort, dass man eine Strahlung mit sehr kleiner Wellenlänge brauchen würde. Wenn man aber das Elektron mit solchen Teilchen, die zwangsläufig sehr energiereich sein würden, lokalisieren wollte, dann würden die Elektronen weit weg spediert, sodass man den Ort und die Geschwindigkeit (oder den

Impuls) des Elektrons nicht gleichzeitig messen könnte. Damit war man, trotz bildhafter Vorstellung, an eine natürliche Messgrenze gestossen. Der Übergang von der kinetischen oder bildhaften Quantenphysik zur potenziellen oder kollektiven Quantenphysik war dann vollzogen, als aus der Heisenbergschen Unschärferelation eine Unbestimmtheitsrelation geworden war. Auch hier gab es ein Experiment, das unter Vakuumbedingungen durchgeführt werden musste. Das Experiment ist deshalb interessant, da Elektronen Teilchen mit einer Masse und einer Ladung sind, deren Spuren man zum Beispiel in einer Blasenkammer beobachten kann. Ihr Auftreten auf einem Schirm kann man registrieren und mit einem ‚Klick' hörbar machen. Nun stellt sich die Frage, welchen Weg ein einzelnes Elektron nimmt, ehe es auf der Wand auftrifft. Wenn das Elektron durch den oberen Spalt geht, dann müsste es ‚wissen', ob der untere Spalt offen oder zu ist. Ist er zu, dann kann es irgendwo auf der Wand landen, wobei es sich wie ein Schrotkügelchen verhält. Ist der Spalt offen, so gibt es Stellen auf der Wand, wo es nicht hindarf und andere Stellen sind erlaubt. Damit kann man sich fragen, woher das Elektron ‚weiss', ob der untere Spalt offen oder zu ist. Könnte es sein, dass die Teilchen im Elektronenstrahl einen Informationsaustausch haben oder sich gegenseitig beeinflussen, sodass ein Interferenzbild entstehen kann? – Dies kann aber nicht der Fall sein: Auch wenn man nur ein einzelnes Elektronen durch die Spalten schickt und das nächste erst nach dem Auftreffen des ersten auf den Schirm loslässt, entsteht das Interferenzmuster, falls beide Spalte offen sind. Die Information müsste also nicht nur übertragen, sondern auch noch im ‚Gedächtnis' des Elektrons gespeichert werden.

Diese Experimente unter Vakuumbedingungen gaben den Physikern Rätsel auf, die nur durch ein völliges Umdenken gelöst oder akzeptiert werden konnten. Dies war die grosse Zeit der theoretischen Physik, die Mitte der 20er Jahre im letzten Jahrhundert ihren Höhepunkt erreichte. Hier soll nicht der zeitliche Ablauf der in kurzen Abständen zur Diskussion eingebrachten Theorien und Einwände, sondern die Dynamik des Prozesses beleuchtet werden.

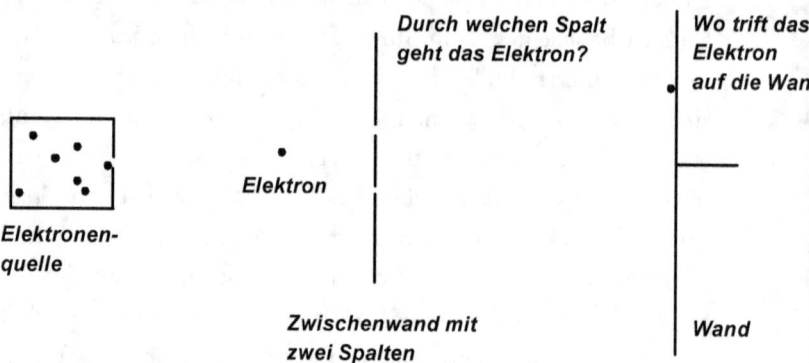

Abb. 6: Doppelspaltexperiment

Sind beide Spalte offen, so entsteht das Interferenzmuster, welches für Wellen typisch ist. Ist nur ein Spalt offen, so geht die Interferenzerscheinung verloren und man erhält ein Bild, als ob man mit einer Schrotflinte schiessen würde.

Die Quantenphysik geht heute von folgenden grundlegenden Überzeugungen aus: Komplementaritätsprinzip – Unbestimmtheitsrelation – Wahrscheinlichkeitsinterpretation – Superpositionsprinzip – Verschränktheit. Die Aspekte bedingen sich teilweise und überlappen sich. Es sind also nicht mathematisch genau gefasste, voneinander unabhängige Axiome. Sie haben aber die Wirkung eines heute allgemein akzeptierten Paradigmas.

Wesentliches zur Entwicklung des neuen Denkens wurde im Kopenhagener Kreis um Niels Bohr geleistet. Bohr war 15 Jahre älter als seine wichtigsten Mitstreiter. Dazu gehörten Wolfgang Pauli, Werner Heisenberg und Paul Dirac, um nur die wichtigsten zu nennen. Bohr formulierte das Komplementaritätsprinzip. Ausgangspunkt war der Welle-Teilchen-Dualismus, wie man ihn im Doppelspaltexperiment konstatiert. Komplementarität bedeutet, dass experimentelle Einrichtungen bestimmen, was beobachtet werden kann und dass sich bestimmte Einrichtungen gegenseitig ausschliessen. Die in den dazugehörigen Versuchen gemachten Erfahrungen sind komplementär zueinander; beide sind gleichwertige Aspekte und stellen die vollständige Information dar, die erhalten werden kann. Heisenberg bemerkte dazu: *„Wir müssen uns daran erinnern, dass das, was wir beobachten, nicht die Natur selbst ist, sondern Natur, die unserer Art der Fragestellung ausgesetzt ist."* Wenn man das Komplementaritätsprinzip konsequent weiter denkt, so kann man über ein Teilchen (z. B. das Elektron im Doppelspaltexperiment) keine Aussage machen und man weiss über seine Eigenschaften nichts, bis man mit ihm ein Experiment durchgeführt hat.– Die von Heisenberg mit Hilfe der Matrizenmechanik gefundene mathematische Beschreibung dieser Zusammenhänge führte dann zur Unbestimmtheitsrelation[24], die nicht auf Messungenauigkeiten zurückzuführen, sondern Ausdruck der Komplementarität ist.

Der zweite wichtige Punkt in der Kopenhagener Interpretation ist die Wahrscheinlichkeit. Hier geht es um die Frage nach der

Ursache, warum das Elektron an einer bestimmten Stelle auf die Wand auftritt. Danach ist das, was ein einzelnes Teilchen tatsächlich macht, dem reinen Zufall überlassen. Zwar kann man die Wahrscheinlichkeit für das Auftreten an einem bestimmten Ort berechnen - aber nicht mehr. Dieser Zufall hat eine andere Qualität als der technische Zufall, den man als Verkettung unglücklicher Umstände kennt, der zum Beispiel zum zufälligen Ausfall einer Maschine oder zum Absturz eines Flugzeugs führt. Auch das zufällige Treffen eines Bekannten auf der Strasse ist nicht reiner Zufall. Dabei gibt es viele verschiedene Gründe, die zu diesem Zusammentreffen geführt haben. In den beiden letzten Beispielen gilt immer noch das Ursache-Wirkungs-Prinzip. Der reine Zufall der Quantenphysik tritt nicht deshalb ein, weil man die Ursachen für das Einzelereignis nicht kennt, sondern weil es einfach keine Ursache für das Einzelereignis gibt. Das Teilchen (Elektron) ‚weiss' nicht (oder besser gesagt ‚trägt keine Information'), wo es auf dem Schirm auftreten wird. Das Komplementaritätsprinzip und dieser reine Zufall widersprechen zwei wesentlichen Grundaussagen der Aristotelischen Philosophie. Diese geht von den Axiomen aus, dass etwas nicht gleichzeitig Sein und Nichtsein kann und dass alles, was geschieht, seinen hinreichenden Grund hat[25]. Heisenberg nimmt zwar in seinen Erklärungen der Komplementarität das Bild von der Potenz auf, welches auf Aristoteles zurückgeht. Vor dem Experiment mit einem Teilchen gibt es nur die Potenz, welche die verschiedenen Erscheinungsformen bewirken, kann mit der sich die Natur dann im Experiment offenbart. Nichtsdestotrotz wird mit der Quantenphysik das Aristotelische Weltbild viel grundlegender erschüttert als mit der Kopernikanischen Revolution.

Die Kopenhagener Sicht der Quantentheorie musste zwangsläufig Kritiker auf den Plan rufen. Einer der Ersten war Erwin Schrödinger, der mit einem neuen Ansatz versuchte, zur gewohnten klassischen Physik zurückzukehren. Dazu sollte die Bewegung des Elektrons im Atom als Welle erfasst werden, wobei die stabilen Bahnen stehenden Wellen entsprechen müssten. So entwickelte er die Wellenmechanik, bekannt als Schrödingergleichung, die jeder Physikstudent kennen muss. Ironischerweise ergab sie aber die gleichen Resultate wie Heisenbergs Matrizenrechnung, womit die Wahrscheinlichkeitsinterpretation bestätigt wurde. In ihrer Einfachheit trug sie sogar viel zum Verständnis der Superposition und zur Verschränktheit bei, die noch zu erläutern sind. Auch die Spektren und Quantenzahlen, mit denen man in der bildhaften Atomphysik gut umgehen kann, können mit Hilfe der Schrödingergleichung richtig interpretiert werden. Ebenso berühmt wie seine Gleichung ist das Bild von seiner Katze.

Schrödingers Katze ist in eine Stahlkammer gesperrt, in der ein Mechanismus durch den Zerfall eines radioaktiven Atoms ausgelöst wird und Blausäure freisetzt. Gemäss Kopenhagener Deutung sollte erst der Beobachter die zuvor zwischen Leben und Tod ‚verschmierte' Katze endgültig tot oder lebendig

Abb. 7: Schrödingers Katze

Damit wollte er die Unsinnigkeit des Komplementaritätsprinzips den Leuten vor Augen führen. Danach kann erst das Experiment die Realität hervorbringen, die man von einem Teilchen oder einer Welle erwartet. Auch dieser Vergleich entbehrt nicht der Ironie. Eine lebende Katze ist nicht einfach ein grosses Elektron oder Atom, auf das die quantenphysikalischen Gleichungen angewendet werden können, sondern ein lebender Organismus, der aus einer Vielzahl verschiedener Atome besteht[26]. Die Quantenphysik behandelt immer eine Mehrzahl von gleichen Teilchen, die ihrer Natur nach nicht voneinander unterschieden werden können. Dies gilt nicht nur für Elementarteilchen, sondern auch für grössere Gebilde wie die Fullerene[27], mit denen Zeilinger seine Rekorde mit dem Doppelspaltexperiment aufstellt. Schrödinger ist mit seiner Katze der immer wieder gesehenen Versuchung erlegen, eine Erkenntnis oder ein physikalisches Gesetz, welches für ein bestimmtes Umfeld gilt, auf ein anderes Gebiet zu übertragen, für das es nicht anwendbar ist.

Heftigen Widerstand gegen die Kopenhagener Sicht der Quantenphysik kam auch von Albert Einstein. Einstein, der sich nicht gescheut hatte, die als a priori geltenden Auffassungen von Raum und Zeit zu verlassen, wollte nicht akzeptieren, dass das kausale Denken in Ursache und Wirkung aufgegeben werden sollte. Dieses Denken gehörte zu seinem Weltbild, zu seiner Vorstellung von Physik. Einstein führte lange Debatten mit Bohr, wobei nur vordergründig über Physik gesprochen wurde. Es ging viel mehr um die philosophische Frage, was man als Realität und Wirklichkeit erkennen kann. Bekannt ist Einsteins Argument ‚Gott würfelt nicht', das er gegen die Wahrscheinlichkeitsinterpretation ins Feld führte.

Der Glaube daran, dass es für jedes Ereignis eine Ursache gibt, ist tief im Menschen verwurzelt. So ist es nicht verwunderlich, dass Einstein und seine Anhänger lange nach Kräften suchten, die das Verhalten der Elektronen am Doppelspalt erklären könnten. Man sprach von verborgenen Variablen, da man nur die Auswirkungen dieser Kräfte beobachten konnte, sie selbst aber nicht finden konnte. Doch, wie Pauli gesagt haben soll, ist dies ein unnützer Versuch, der genauso wenig Sinn ergäbe, wie die alte Frage, wie viele Engel auf einer Nadelspitze Platz hätten. Eine Ergänzung der Quantenphysik durch verborgene Variablen wäre wohl möglich, aber irrelevant, da diese nie im Experiment beobachtet werden könnten.[28]

Nochmals setzte Einstein zum Angriff auf die Interpretation der Quantentheorie an. Dabei schlug er das folgende Gedankenexperiment vor: Eine Quelle (zerfallendes Teilchen mit Spin 1 oder Null) emittiert ein Teilchenpaar, welches in entgegengesetzter Richtung davon fliegt. Beide Teilchen besitzen den Spin ½ und sind nach der Quantentheorie miteinander verschränkt. Misst man nun den Spin von Teilchen A und erhält das Resultat ‚Spin nach oben', so muss die Messung an Teilchen B das Resultat ‚Spin nach unten' ergeben. Nun würde man meinen, dass es möglich sein sollte, den Spin an einem Teilchen zu messen, ohne dass das andere etwas davon merkt, wenn beide nur weit genug voneinander entfernt seien (Lokalität der Messung)[29]. Doch die Quantenphysik erhielt recht: Egal wie weit die Teilchen voneinander entfernt sind, sie werden immer den genau entgegengesetzten Spin aufweisen. Sie erhalten die Eigenschaft des Spins erst mit der Messung an einem Teilchen. Auch dieser Einwand von Einstein wurde experimentell entkräftet.

Zum Schluss des Abschnitts über die aus den Experimenten im Vakuum gewonnenen Erkenntnisse kann man sich fragen, ob das Vakuum wirklich ein ‚Nichts' sei. In Vakuumanlagen wird man immer Restgase finden, wie gut auch die eingesetzten Pumpen sind. Elektromagnetische Wellen oder Photonen können sich im Vakuum ausbreiten, auch wenn es keinen stofflichen Äther gibt. Und was für ein Vakuum zwischen den Elektronen und den Atomkernen vorhanden ist und wie man dies bezeichnen soll, darüber können die theoretischen Physiker noch lange diskutieren.

3.5 Kristallziehen und Zonenschmelzen

Halbleiter
Natürlich vorkommende Bergkristalle, Diamanten und Edelsteine werden wegen ihrer Schönheit und Reinheit begehrt. Um der Nachfrage zu genügen, gelang es schon früh, mit Kristallzuchtverfahren grössere Kristalle herzustellen. Klassischerweise gelten solche Kristalle als Isolatoren, in denen im Gegensatz zu den Metallen kein elektrischer Strom fliessen kann. Die physikalische Erklärung lieferte das Bändermodell, das aus der bildhaften Quantenmechanik hergeleitet werden kann. Sind beim Einzelatom nur bestimmte Elektronenbahnen zugelassen, so ergeben sich bei Festkörpern, in denen eine Vielzahl von Atomen sich in einem periodischen Gitter angeordnet hat, Energiebänder. Zwischen den Bändern gibt es verbotene Zonen oder Energielücken, in denen sich keine Elektronen aufhalten können. Von Bedeutung sind dabei das Leitungsband und das Valenzband. Bei Isolatoren ist die verbotene Zone gross und das Valenzband ist voll besetzt. Elektronen können auch bei höheren Temperaturen die Energielücke nicht überspringen. In solchen Kristallen kann kein Stromtransport durch Elektronen erfolgen. In Metallen hat es aufgrund der im Gitter eingebundenen Atome

Elektronen im Leitungsband, wobei in vielen Fällen sich Valenz- und Leitungsband überlappen. Diese Elektronen sind nur sehr schwach an das Atomgitter gebunden und man spricht gerne von einem Elektronengas, das sich nun bei angelegter Spannung fast ungehindert durch das Metall bewegen kann. Ob Isolator[30] oder Leiter ist danach eine Frage, welche Atomart sich im Festkörper zu einem Kristallgitter angeordnet hat.

Obwohl man Halbleiter seit zweihundert Jahren kennt, galten sie lange als Exoten, die zum Staunen anregten. Bedeutung erlangten sie durch die 1874 von Braun gemachte Entdeckung des Gleichrichtereffekts. Die grundlegenden Eigenschaften von Halbleitern lassen sich auch mit dem Bändermodell erklären. In der Nähe des absoluten Nullpunkts ist das Valenzband voll besetzt und im Leitungsband sind keine Elektronen vorhanden.[31] Bei diesen Temperaturen verhält sich der Halbleiter wie ein Isolator. Die Bandlücke ist aber relativ klein, sodass bei höheren Temperaturen Elektronen durch die thermische Bewegung vom Valenzband ins Leitungsband gelangen können. Dabei hinterlassen sie im Valenzband eine Lücke oder ein Loch. Bei Anlegen einer Spannung kann ein Strom fliessen, wobei die Elektronen im Leitungsband sich wie in einem Metall verhalten. Gleichzeitig können gebundene Valenzelektronen in der Nähe der Löcher in diese hineinspringen, wodurch die Löcher sich in der entgegengesetzten Richtung wie die Elektronen bewegen. Anstelle von Löchern kann man auch von beweglichen positiven Ladungsträgern sprechen. Das Interessante daran ist, dass man die Leitereigenschaften durch Einbringen von Fremdatomen gezielt verändern kann. Durch solches Dotieren kann man die Zahl der Elektronen im Leitungsband erhöhen: Der Kristall ist dann ein n-Leiter. Mit andern Fremdatomen kann die Anzahl Löcher im Valenzband erhöht werden, wodurch man einen p-Leiter erhält.

Halbleiter waren zwar physikalisch interessante Objekte, ihre Bedeutung erhielten sie aber erst in der Halbleitertechnik. Die Halbleiterdiode, bei der p-leitendes Material in Kontakt mit n-leitendem kommt, war das erste wichtige Bauelement. Als Geburtsjahr der Halbleitertechnik gilt aber das Jahr 1948, als Brattain, Bardeen und Shockley den ersten Transistor herstellten. Dazu verwendeten sie einen Einkristall aus Germanium. Dieser Bipolartransistor hatte das Potenzial, die herkömmliche Elektronenröhre zu substituieren. Von technisch noch grösserer Bedeutung war der Feldeffekttransistor, der in der MOSFET – Technologie hergestellt werden konnte.[32]

Zonenschmelzverfahren

Der neu erfundene Transistor hätte wohl seine Verbreitung gefunden, hätte aber keine Revolution ausgelöst. Das tragbare Transistorradio hat zwar viele Annehmlichkeiten gebracht, war aber grundsätzlich nichts Neues. Zuerst musste die Siliziumtechnologie entwickelt werden, und hier spielt das Zonenschmelzverfahren eine zentrale Rolle. Es ist ein Verfahren zur Herstellung von hochreinem Silizium, wobei grosse und mehrere Zoll dicke Einkristalle hergestellt werden können. Daraus werden dann die Wafer herausgesägt, auf die eine Grosszahl von Schalt- und Speicherelemente untergebracht werden kann. Erst diese Technik ermöglichte es, Mikroprozessoren herzustellen, die heute als das Herzstück in jedem Computer, aber auch in andern elektronischen Geräten, zu betrachten sind. Das Zentrum bei der Entwicklung der Siliziumtechnologie lag und liegt südlich von San Francisco und diese Gegend wird gern als das Silicon Valley bezeichnet. Und mitten drin ist die berühmte Stanford University mit ihrer Strahlkraft. Von hier ging die zweite industrielle Revolution aus, bei der die Computer in alle Lebensbereiche hineinwirken. Sie ist in ihren gesellschaftlichen Konsequenzen mit der durch die Dampfmaschine ausgelösten Revolution durchaus vergleichbar.

Das Moorsche Gesetz
Gordon Moore, der Gründer der Firma Intel, die auch im Silicon Valley beheimatet ist, hat in den 70er Jahren des letzten Jahrhunderts vorausgesagt, dass sich die Zahl der Transistoren auf einem Mikrochip alle 18 Monate verdoppeln werde (‚Moorsches Gesetz'). Natürlich ist das kein Gesetz im eigentlichen Sinn des Wortes, es ist eine sich selbsterfüllende Prophezeiung, die bis heute glänzend bestätigt wurde. Ja es ist sogar so, dass Firmen, die auf diesem Gebiet mitmischen wollen, solche Fortschritte erzielen müssen, dass die Prophezeiung erfüllt wird. Wer nicht so schnell rennen kann, der scheidet bald aus der Konkurrenz aus.

Um aber die gewünschten Resultate zu erzielen, mussten viele Verfahren optimiert und weiterentwickelt werden. Es brauchte Fortschritte auf dem Gebiet der Fotolithografie und der Dünnschichttechnologie. Es brauchte auch neue, kostspielige Apparaturen wie Elektronenstrahlschreiber, Ionenimplanter und Plasmaätzer, um nur einige Beispiele zu nennen. Man kann dies angewandte Physik oder angewandte Forschung nennen, sollte sich aber davor hüten, darin etwas Zweitklassiges zu sehen. Dies gilt auch für den Instrumentenbau und die Entwicklung der verschiedenen Geräte in der Peripherie des Computers wie Speicher und Drucker, die erst das technische Funktionieren und den praktischen Einsatz dieses neuen Hilfsmittels ermöglichen.

Nun kann man sich fragen, wie lange noch das Moorsche Gesetz seine Gültigkeit behält. In der CMOS-Technik sind die Isolationsschichten beim Gate nur noch wenige Atomlagen dick. Und bald wird man soweit sein, dass man mit der bildhaften Quantenphysik nicht mehr weiter kommt. Wenn Elektronen durch die Isolation durchtunneln können, dann hat man ähnliche Verhältnisse wie bei den Supraleitern. Nun gibt es namhafte Forschergruppen, die an der Entwicklung von Quantencomputern arbeiten. Dabei soll die Verschränkung der Quanten-Wellenfunktion ausgenutzt werden, um Rechnungen viel schneller durchzuführen als mit herkömmlichen Computern. Es gibt aber Wissenschaftler, wie der Nobelpreisträger Robert B. Laughlin, die das praktische Funktionieren von Quantencomputern in Frage stellen. Er schreibt: „ *Die Effekte, durch die Quantencomputer sich von konventionellen Computern unterscheiden, verursachen aber auch Quantenunbestimmtheit. Quantenmechanische Wellenfunktionen entwickeln sich in der Tat deterministisch, aber der Vorgang, mit dem sie in für Menschen ablesbare Signale umgewandelt werden, erzeugt Fehler. Computer, die Fehler machen, sind nicht besonders nützlich.* " - Wer wird wohl Recht bekommen? Da muss man sich fragen, was hinter dem Moorschen Gesetz steht. Die Antwort lautet ‚klein, leistungsfähig, zuverlässig und billig!' - Und man braucht kein Prophet zu sein, um zu behaupten, dass letztlich wirtschaftliche und nicht physikalische Gründe den Ausschlag geben werden, wie lange das Moorsche Gesetz noch seine Gültigkeit besitzen wird.

Anmerkungen

1   Unmöglichkeit des Perpetuum mobile 1. Art

2   Unmöglichkeit des Perpetuum mobile 2. Art

3   Die Entropie ist eine Grösse, die ebenso wie die Temperatur in Zahlen angegeben werden kann.

4   Die sogenannten Zustandsgrössen wie Druck, Temperatur und Entropie sind im Verständnis der Atomisten ausschliesslich Eigenschaften des Systems. Einzelne Teilchen haben weder Druck, Temperatur oder Entropie und kommen damit auch nicht als Träger für den Transport dieser Grössen in Frage.

5   Die berühmte Relation zwischen Energie und Masse wurde erst später von Einstein in der speziellen Relativitätstheorie postuliert.

6   Selbst bei den grundlegenden Gleichungen der Elektrodynamik (Maxwellsche Gleichungen) sind Ladungen Quellen für elektromagnetische Felder. Die Existenz von Atomen wird dabei nicht vorausgesetzt. Maxwell selbst war aber ein Vertreter der atomistischen Richtung. Von ihm stammt der Gleichverteilungssatz für Gase.

7   Ein SQUID (Superconducting Quantum Interference Device) besteht aus zwei Josephson-Kontakten in einem supraleitenden Ring. Durch die dünne Isolierschicht zwischen zwei Supraleitern können Elektronen (bzw. Cooper-Paaren) aufgrund des Tunneleffekts hindurchtreten. Ändert sich das äussere magnetische Feld, so ändert sich der Strom im Ring und damit die Spannung am SQUID.

8   Elektronen besitzen einen Spin von 1/2 und gehören damit zu den Fermionen, für die das Pauli-Prinzip und das daraus sich ergebende Bändermodell gelten. Cooper-Paare haben einen Spin 0, sie sind damit Bosonen und nicht dem Pauli-Prinzip unterworfen.

9   Mittlerer Abstand der Atome oder Moleküle, die aufgrund der Molekülbewegung aufeinander stossen.

10   Schrecken des Vakuums (oder des Nichts).

11   Vorpumpen wie die Drehschieberpumpen.

12   Bis zur Erklärung der Vorgänge bei Gasentladungen, bei denen ein Plasma (Gas aus Ionen, Elektronen und neutralen Teilchen) entsteht, verging noch einige Zeit.

13   Fällt Licht einer bestimmten Wellenlänge λ auf eine Metallplatte im Vakuum, so können Elektronen aus der Metalloberfläche austreten. Die Energie des einfallenden Lichts ist gleich hc/λ. Für die Interpretation des lichtelektrischen Effekts erhielt Einstein den Nobelpreis.

14   Genauer: $h/2\pi$

15   Hier zeigt sich die Verbindung zur Quantentheorie. Bei diesem Quantensprung wird die Energiedifferenz der Niveaus als Licht mit der Energie $h\nu$ abgestrahlt. Dadurch entstehen die charakteristischen Spektren der Elemente.

16   ἄτομος: unteilbar

17   Beispiel: $2\,Mg + O_2 = 2\,MgO$

18   Das Pauli-Prinzip besagt, dass in einem System niemals mehrere Elektronen auftreten können, die in allen Quantenzahlen übereinstimmen.

19   Die Erklärung des Spektrums eines schwarzen Strahlers gelang 1900 Max Planck, indem er annahm, dass das Licht seine Energie in Form von Quanten emittierte.

20   Ein Nanometer entspricht einem Millionstel eines Millimeters; dies entspricht etwa zwei Atomlagen. Die Nanotechnologie befasst sich mit Strukturen von wenigen bis einigen hundert Nanometer.

21 Bei der optischen Dicke von einer viertel Wellenlänge ($\lambda/4$) ist ein Auslöschen durch Interferenz möglich. Um breitbandige Entspiegelungen zu erhalten, braucht es aber ein System von mehreren Schichten.

22 Plasma: Ionisiertes Gas plus freie Elektronen plus neutrale Gasmoleküle.

23 In der Ionosphäre über dem Erdball kennt man das Phänomen der ‚Whistlers', welche zu Pfeiftönen beim Radioempfang führen. Im Labor beobachtet man Helikonresonanzen, die auf den gleichen physikalischen Gesetzmässigkeiten beruhen.

24 Bekannt ist die Aussage, dass Ort und Impuls eines Teilchens nicht gleichzeitig bestimmt werden können. Ort und Impuls sind komplementäre Grössen. Oft begegnet man der Formel: $\Delta x \cdot \Delta p \approx h$.

25 Kausalitätsprinzip.

26 Aus Sicht Schrödingers ist die Anwendung der quantenmechanischen Vorstellungen auf die Katze nicht eine Frage, welche Objekte quantenmechanisch beschrieben werden können. Schrödinger hat eine andere philosophische Grundüberzeugung von der Wirklichkeit.

27 Fullerene sind Nanoteilchen aus Kohlenstoff, die man im Russ findet, wobei 60 Kohlenstoffatome in der Form eines Fussballs angeordnet sind.

28 Der scharfe und kritische Denker Pauli hatte aber auch seine Denkvorstellungen. Für ihn war der Energiesatz zentral, wobei er um ihn zu retten die Existenz des Neutrinos voraussagte. Dabei schloss er Wetten ab, dass man das Neutrino nie experimentell nachweisen könne. Wäre er konsequent gewesen, hätte er den Energiesatz in seinem universellen Anspruch aufgeben müssen. Kurz vor seinem Tod hatten dann die Kernphysiker die Existenz des Neutrinos experimentell bestätigt.

29 Das zerfallende Teilchen in diesem Gedankenelement ist ein Boson, das Teilchenpaar aber zwei Fermionen. Sie sind aber verschränkt und haben immer noch die Eigenschaften des Bosons. Hier zeigt sich eine frappante Ähnlichkeit zu den Cooper-Paaren, die bei Supraleitern auftreten.

30 Nebst den kristallinen Isolatoren gibt es auch glasartige Isolatoren wie Porzellan.

31 Das Ferminiveau liegt in der Bandlücke. Das Ferminiveau gibt an, bis zu welcher Energie Zustände in der Nähe des absoluten Nullpunkts besetzt sein dürfen.

32 MOSFET: Metall Oxide Semiconductor. Die Steuerelektrode (Gate) wird durch eine dünne Isolationsschicht vom p-leitenden Substrat getrennt. Besondere Bedeutung hat die CMOS-Technik; sie besteht aus der Kombination von p-Kanal- und n-Kanal-Feldeffekttransistoren. Durch die gleiche Steuerspannung sperrt immer genau einer, während der andere leitet. Damit hat man ein perfektes Element für die binäre Logik, die nur zwischen den Zuständen Null und Eins unterscheidet.

4

Automation und Kommunikation

4.1 Automaten

Steuerung und Regelung
Automaten haben etwas Faszinierendes an sich, seien es alte Musikautomaten oder moderne Industrieroboter, deren wichtigstes Einsatzgebiet die Automatisierung von Arbeitsabläufen ist. Durch Rationalisierung sollen wirtschaftliche Vorteile erzielet werden. Beim Bau von Automaten werden vor allem elektrische und elektromechanische Komponenten (Motoren, Ventile, Messsensoren usw.) benötigt. Regler kommen in der industriellen Elektronik zum Einsatz. Dabei stellte die Regelung des Asynchronmotors, der als Antrieb in der Industrie von grosser Bedeutung ist, hohe Anforderungen an die Leistungshalbleiter[1]. Mit Fertigungsautomaten kann man aber nicht nur Rationalisierungsvorteile erzielen, indem man menschliche Arbeitskraft durch Kapital ersetzt. In vielen Fällen ist es auch möglich, die Zuverlässigkeit und die Qualität zu steigern. Dies ist einer der Hauptgründe für den Einsatz von Fertigungsrobotern. Die folgenden zwei Beispiele sollen zudem zeigen, dass durch die Automaten nicht nur die Arbeitswelt, sondern auch die Gesellschaft und die wissenschaftliche Erkenntnis nachhaltig beeinflusst wurden.

Haushaltmaschinen
Wenn hier die Aussage gemacht wird, dass durch Verbreitung von Haushaltmaschinen wie Waschautomaten, Staubsauger,

Abwaschmaschinen, Mikrowellenherde oder Tiefkühler die Wissenschaft nachhaltig beeinflusst wurde, dann wird sich wohl mancher wundern und die Stirne runzeln. Doch sonst wären die Anstrengungen für mehr Rechte der Frauen, für den Zugang zur Universität und zur politischen Tätigkeit nur einigen privilegierten Frauen mit genügendem Vermögen zugutegekommen. Für die andern hätte der Arbeitsanfall im Haus und bei der Kindererziehung keine Zeit gelassen, einen eigenständigen Beruf auszuüben. Die Macht des Faktischen hätte dazu geführt, dass in vielen Fällen es bei der alten Rollenverteilung bei den Geschlechtern geblieben wäre.[2]

Wichtig ist also das stärkere Selbstwertgefühl, das durch bessere Ausbildung und Befreiung von den Alltagszwängen gekommen ist (oder kommen muss). Die Zahl der jungen Frauen, die ein Universitätsstudium aufnehmen, ist heute gleich oder grösser als die der jungen Männer. Mit der Zahl der Universitätsabgängerinnen nimmt auch die Zahl derjenigen zu, die in Wissenschaft, Medizin, Politik und Wirtschaft wichtige Beiträge leisten. Gleichzeitig beeinflussen sie die Themen, an denen gearbeitet wird und die Resultate werden nicht nur aus männlicher, sondern auch aus weiblicher Sicht beurteilt. Damit kommen Kriterien zum Zuge, die früher zu stark vernachlässigt wurden. Man denke nur an die sozialen Folgen von neuen Technologien, den Umweltschutz und die Friedensarbeit.

Mit dem Einsatz technischer Hilfsmittel im Haushalt ist aber nicht nur die Frauenarbeit leichter und effizienter gemacht worden. Die jungen Männer von heute können mit diesen Maschinen ebenso gut umgehen und sind daher viel eher bereit, einen Teil der Hausarbeit zu übernehmen, als ihre Väter oder Grossväter. Trotzdem bleibt es für Frauen schwierig, den Anforderungen einer beruflichen Karriere und einer Familie mit Kindern gerecht zu werden. Und hier soll auch nicht der Eindruck erweckt werden, dass eine Frau sich nicht voll der Kindererziehung und der Arbeit im häuslichen Umfeld widmen soll oder ob dass dies gesellschaftlich weniger Wert sei. Wichtig ist, dass Frauen nun selbst entscheiden können, wie sie ihre Prioritäten in Beruf und Familie setzen wollen und nicht in ein Cliché hineingedrängt werden. Zur negativen Übertreibung dieser neuen Freiheit kommt es dann, wenn man die Kinder nur noch durch die Haushaltapparate betreuen lässt und diese ihr Leben zwischen Fernseher und Kühlschrank verbringen, wo sie sich selbst bedienen müssen.

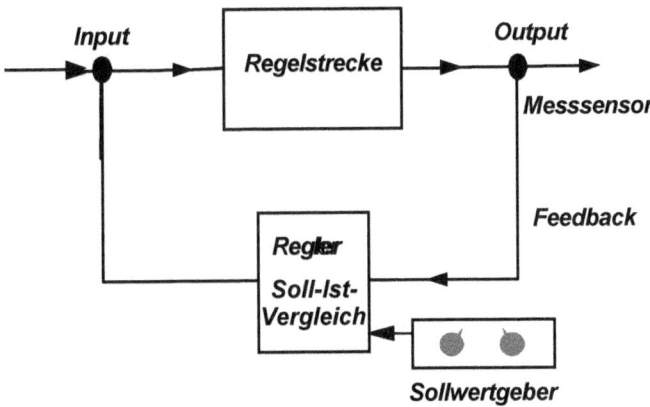

Abb. 8: Der technische Regelkreis

<u>Vom Regelkreis zur Kybernetik</u>
Zu Regelkreisen gibt es eine umfangreiche Theorie, die einerseits die Auslegung der einzelnen Elemente und andererseits das Regelverhalten beschreiben. Das Prinzip des Regelns ist leicht auf

andere Gebiete zu übertragen, bei denen ein bestimmtes Ziel erreicht werden soll. Beim ‚Management by Objektives' werden den einzelnen Abteilungen und Mitarbeitern Ziele oder Sollwerte vorgegeben (oder vereinbart), die innerhalb eines Jahres erreicht werden müssen. Diese Ziele sollten messbar sein, damit man überprüfen kann, ob sie erreicht oder nicht erreicht wurden.

Systematischer und wissenschaftlich ging Norbert Wiener vor, als er 1948 die Regelung und Nachrichtenübertragung in Lebewesen und in Maschinen beschrieb. Für den Steuermann oder Kybernetiker ist alles in der Welt durch Systeme mit Regelkreisen beschreibbar. Diese sollen das System im Gleichgewicht halten und stabilisieren. Dabei sind die verschiedenen Regelkreise miteinander vernetzt, und es finden viele Rückkopplungen statt. Solche Überlegungen kann man auf Lebewesen anwenden, wobei die einzelnen Organe wie Kreislauf, Lunge, Leber usw. zwar weitgehend unabhängige Regelmechanismen besitzen, gleichzeitig aber auch sich gegenseitig beeinflussen. Auch soziale Systeme wie Familien, Unternehmen oder Volksgruppen können unter solchen Gesichtspunkten betrachtet werden.

Wiener hatte sich das Ziel gesetzt, diese Zusammenhänge mit mathematischen Formeln und Berechnungen in den Griff zu bekommen. Damit hatte er sich, wie später bekannt wurde, eine grundsätzlich unlösbare Aufgabe gestellt. Trotzdem hat er Wesentliches zum wissenschaftlichen Fortschritt beigetragen und in vielen Gebieten dem Denken eine neue Richtung gegeben. Während viele Wissenschaftler zu immer kleineren Elementen und Bausteine vorstossen wollen[4], hat er den Blick auf die Gesamtsysteme gerichtet. Er hat das lineare Denken zum vernetzten

Denken weiter entwickelt. Die Grenzen des Wachstums und die Probleme des Umweltschutzes sind der Bevölkerung durch dieses vernetzte Denken ins Bewusstsein gebracht worden. Die auf dem vernetzten Denken basierenden Modelle können als Denkmittel und Kreativitätsmethode eingesetzt werden und liefern meist bessere Erkenntnisse als die von Zwicky postulierte Methode der Morphologie[5], um die es eher still geworden ist.

Biologisches Gleichgewicht und logistische Kette
Beim technischen Regelkreis geht man meist davon aus, dass die auf der Inputseite zur Verfügung gestellten Ressourcen unbeschränkt seien. Wie aber schon das einfache Beispiel einer Raumheizung zeigt, stösst man bald an eine logistische Grenze, wenn die Leistungsfähigkeit des Brenners die Zufuhr der Heizenergie in ihrer Menge beschränkt. Dann kann der Output (Raumtemperatur) nur einen maximalen Wert erreichen, egal, wie hoch man den Sollwert einstellt.

Etwas komplizierter wird der Fall, wenn durch Verzehr der Ressourcen die Zuflussmenge reduziert wird. Dies ist vor allem bei biologischen Systemen der Fall. Eine Population von Tieren würde sich immer stärker vermehren und exponentiell wachsen, wären nicht die Ressourcen beschränkt oder würden keine Feinde auftreten. Dies passiert auf der Kanincheninsel. Wenn nur die Menge des Futters beschränkt ist und noch keine Feinde vorhanden sind, so wird sich im Normalfall ein biologisches Gleichgewicht einstellen, das heisst, die Zahl der Kaninchen wird sich auf einen bestimmten Wert einpendeln.[6] Dies gilt aber nur, solange die Reproduktionsrate nicht allzu gross wird. Andere Tiere wie zum Beispiel die biblischen Heuschrecken vermehren sich in kurzer Zeit so stark, dass sie alles kahl fressen. Fehlt dann die Nahrung, so fällt auch die Population wieder zusammen und nur wenige überleben. Ist dann wieder Futter nachgewachsen, beginnt der Kreislauf von Neuem. Die Zahl der Tiere oszilliert dann in rascher Folge. Mathematisch kann man zeigen, dass bei sehr grossen Reproduktionsraten eine Vorhersage für die Zahl der Tiere in den kommenden Generationen nicht möglich ist. Somit können keine Langzeitprognosen aufgestellt werden und das System zeigt chaotische Züge[7].

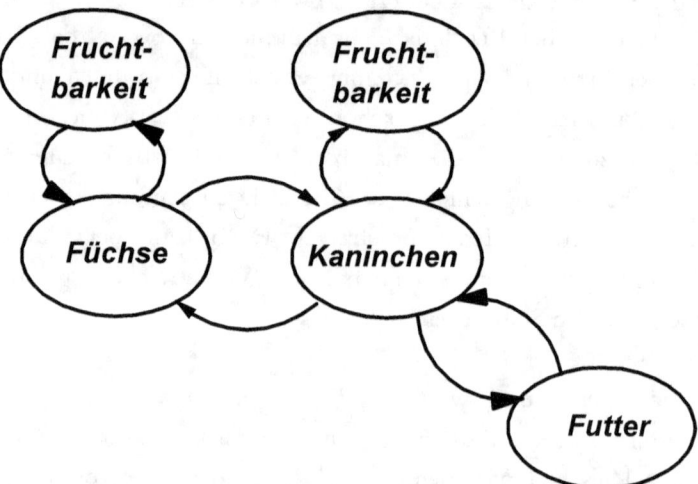

Abb. 9: Kanincheninsel als vernetztes logistisches System

Auf der rechten Seite sieht man die Abhängigkeit der Anzahl Kaninchen von der Reproduktionsrate und der Ressource Futter. Wird das Futter knapp, geht die Reproduktionsrate zurück. Wenn zusätzlich Füchse als Räuber ins Spiel kommen, dann entsteht eine logistische Kette, wobei die Kaninchen als Futter (Ressource) der Füchse dienen.

In vielen Fällen dient der Output eines biologischen Regelsystems gleichzeitig als Input für einen nächsten Regelkreis. Dies zeigt das Beispiel mit Kaninchen und Füchsen. Vernetzte Systeme mit Rückkopplungen, wie man sie auf der Kanincheninsel sieht, sind komplex. Komplex ist etwas anderes als kompliziert. Kompliziert ist ein System, das schwierig zu überblicken ist, dessen geduldige Analyse aber eine Zerlegung in Untereinheiten erlaubt, deren Eigenschaften nun einfach zu verstehen sind. Kommen aber Rückkopplungen und limitierte Ressourcen ins Spiel, so wird das System rasch komplex. Dabei prägt die Vernetzung der Einzelteile die wesentlichen Eigenschaften des Gesamtsystems. Oder anders ausgedrückt: Das Gesamtsystem hat Eigenschaften, die nicht auf die Einzelteile zurückgeführt werden können: Das Ganze ist also mehr, als die Summe der Teile. So ist das Beschleunigungsverhalten eines Autos eine Eigenschaft, die nur dem Gesamtsystem ‚Auto' zukommt und nicht einer Baugruppe oder Komponente. Trotzdem ist der Komplexitätsgrad eines Autos im Vergleich zu Lebewesen noch gering. Bei biologischen Systemen ist der Komplexitätsgrad grösser und sie sind nur noch beschränkt prognostizierbar.

4.2 Fernmeldetechnik

Telefon und Radio
Oft spricht man von der industriellen Revolution, welche die gesellschaftlichen Strukturen durch den Einsatz von Maschinen veränderte. Für das moderne Leben im 20. und 21. Jahrhundert haben die Entwicklung des Autos - und die damit verbundene höhere Mobilität - und die Erfindung neuer Kommunikationsmittel wie Radio und Telefon eine ebenso grosse Bedeutung. Als Erfinder des Telefons gilt Alexander Graham Bell, der 1876 seinen sprechenden Telegrafen[9] baute. Dazu brauchte er Mikrofone und Lautsprecher. Die Schallschwingungen wurden über

das Mikrofon in elektrische Schwingungen umgesetzt, und diese niederfrequenten Signale wurden über Drähte zu einem Lautsprecher übertragen. Als Guglielmo Marconi 1895 das Radio erfand, wurden die niederfrequenten Schwingungen auf hochfrequente Wellen aufgepfropft oder, wie man technisch sagt, moduliert. Seit den Versuchen von Heinrich Hertz wusste man, dass elektromagnetische Schwingungen über grosse Distanzen übertragen konnten, wobei man das Übertragungsmedium als Äther[10] bezeichnete.

Radiosendungen und Fernsehsendungen, die über den Äther ausgestrahlt werden, können von vielen Menschen gleichzeitig empfangen werden. Sie sind ein Massenkommunikationsmittel und das bekannteste Beispiel für Einwegkommunikation. Demgegenüber erreicht man mit einem Telefonanruf einen gewünschten Gesprächspartner, wodurch die Zweiwegkommunikation ermöglicht wird. Telefon einerseits, Radio und Fernsehen andererseits decken damit zwei unterschiedliche Bedürfnisse ab, wobei beide eine grosse Bedeutung haben.

Die neue Welt der Informatik
Für die Weiterentwicklung und die technische Nutzung von Telefon und Radio, wie wir sie heute kennen, brauchte es aber nicht nur Techniker, die immer bessere Apparate bauten, es brauchte auch ein wissenschaftliches Verständnis der Vorgänge. Dies leistet die theoretische Informatik, die in vielem der Physik ähnlich ist und die gleichen mathematischen Hilfsmittel einsetzt.

Die erste wichtige theoretische Erkenntnis ist die, dass jedes Signal, mit welchem Nachrichten übertragen werden können, in der zeitlichen Abfolge einerseits und als Frequenzspektrum andererseits dargestellt werden kann[11]. Um ein Signal übertragen zu können, benötigt man deshalb eine bestimmte Bandbreite. Zwischen dem zeitlichen Verlauf des Signals und der benötigten Bandbreite besteht eine ‚Unschärferelation'[12]. Je kürzer die zu übertragenden Signale sind, desto mehr Bandbreite muss im Übertragungskanal zur Verfügung stehen. Aus technischen Gründen ist die Bandbreite im Kanal immer beschränkt, was zu Störungen und Verzerrungen führen kann.

Die zweite wichtige Erkenntnis ist die, dass jedes Signal durch Abtasten digitalisiert und damit in eine Folge von Einsen und Nullen umgewandelt werden kann. Daraus ergab sich auch eine Masseinheit für die Information, das ‚Bit' (binary digit). Ein Bit ist die kleinste Menge an Information und kann nur den Wert ‚Null' oder ‚Eins' haben. Wenn nun eine Information (oder eine Menge Bits) übertragen werden muss, so kann die zeitliche Abfolge der elektrischen Signale durch verschiedene Effekte gestört werden. Die beschränkte Bandbreite macht zum Beispiel aus einem rechteckigen Signal eine bergartige Form, es kann zu Laufzeitverzerrungen kommen und das allgegenwärtige Rauschen kann das Signal weiter unkenntlich machen. Auf der Empfängerseite muss dann das ursprüngliche Signal durch technische Tricks wieder hergestellt werden; dabei können aber Informationen verloren gehen oder falsch wiedergegeben werden.

Ob der Empfänger den Inhalt der Nachricht versteht und welche Informationen er ihr entnimmt, hängt subjektiv vom Empfänger ab. Die technische Informationstheorie, welche Shannon 1948 entwickelt hatte, interessiert sich nicht um diesen Aspekt. Nach ihr hängt der Informationsgehalt einer Nachricht ausschliesslich von der Wahrscheinlichkeit ab, mit welcher der Empfänger diese Nachricht erwartet. Dabei spielt die Art der Codierung keine Rolle. Nachrichten, die mit hoher Wahrscheinlichkeit erwartet werden, haben dabei einen niedrigen Informationsgehalt, unwahrscheinliche einen hohen. Hier spielt die Analogie zur Entropie der Thermodynamik; entsprechend wird der Informationsgehalt als (negativer) Logarithmus der Wahrscheinlichkeit für das Eintreffen einer Nachricht definiert. Die weitere technische Entwicklung führt dazu, dass die früher getrennten Nachrichtenübertragungen von Telefon, Radio und Fernsehen und von Computer zu Computer immer mehr zusammenwachsen. Es ist nur eine Frage der Zeit, bis der ganze Datenverkehr über das Internet abgewickelt werden wird.

Kryptografie
Übertragungen über Funk können von allen abgehört werden. Will man geheime Nachrichten übertragen, die nur von einem bestimmten Empfänger verstanden werden sollen, dann müssen kryptografische Methoden angewendet werden. Kryptografie wird nicht nur für militärische Zwecke und zur Spionage eingesetzt. Viele Wirtschaftsdaten werden verschlüsselt, bevor sie über Medien wie das Internet von einem Computer zu einem anderen übertragen werden. Dies gilt auch für den Verkehr von Kunden mit ihrer Bank, wenn zum Beispiel Zahlungen per Computer erledigt werden.

Bei der Kryptografie kommen geheime Schlüssel zum Einsatz, wobei die einfachsten schon im Altertum und im Mittelalter bei der Übermittlung von Briefen durch Boten verwendet wurden[13]. Im Zweiten Weltkrieg setzten die Deutschen eine Chiffriermaschine mit dem Namen Enigma (Rätsel) ein. Das Verschlüsselungssystem bestand in einem komplizierten Buchstabentausch, der automatisch mit Hilfe von voreingestellten mechanischen und elektrischen Elementen erzeugt wurde. Auf diese Weise glaubte man, einen Code gefunden zu haben, der nur mühsam und nach langer Zeit geknackt werden könnte. Zudem wurden die Einstellungen der Maschine immer wieder geändert. Nur wer selbst die gleiche Enigma-Maschine mit der gleichen Einstellung besass, hatte die Möglichkeit, die Meldungen zu entziffern. Allerdings hatte man nicht mit dem englischen Genie Alan Turing gerechnet. Ihm gelang es, mit mathematischen Methoden den Code zu knacken, ja er konnte sogar gute Voraussagen machen, wie die Deutschen als nächstes die Maschineneinstellungen verändern würden. So kannten die Alliierten die Position der Deutschen U-Boote im Atlantik, was deren Abwehr massgeblich erleichterte.

Bei der herkömmlichen Verschlüsselung dient ein und derselbe Schlüssel sowohl zum Codieren als auch zum Lesen einer Nachricht. Und hier liegt eine Schwachstelle: Der Schlüssel muss zwischen Sender und Empfänger ausgetauscht und kann von einem Dritten abgefangen werden. Der kann dann die verschlüsselten Nachrichten leicht entziffern. Mit dem Public-Key-Verfahren konnte dieser Schwachpunkt behoben werden. Es gestattet, dass auch Partner, die nie zuvor miteinander in Kontakt getreten sind, sicher Informationen austauschen können. Bei der Public-Key-Verschlüsselung generiert ein Computerprogramm zwei Schlüssel, den Public und den Private Key. Der öffentliche Schlüssel kann dem künftigen Benutzer, zum Beispiel einem Bankkunden, übermittelt werden. Seine Informationen werden mit diesem Key verschlüsselt und an den Empfänger, in unserm Beispiel die Bank gesandt. Nur sie besitzt den Private Key, mit dem nun die

Nachricht gelesen werden kann. Auch wenn der Public Key von einem Dritten abgefangen würde, so ist es diesem praktisch unmöglich, den Private Key rechnerisch zu ermitteln[14]. Die Kryptografie ist heute ein wichtiges Teilgebiet der Informatik, die zu einer eigenständigen Wissenschaft geworden ist.

Noch raffinierter, wenn auch für den alltäglichen Gebrauch nicht einsetzbar, arbeitet die Quantenkryptografie[15]. Allerdings ist der Austausch von abhörsicheren Nachrichten zwischen Sender und Empfänger nicht mehr das zentrale Problem. Die geheimen Botschaften werden meist unverschlüsselt auf einem Computer geschrieben. Nach Verschlüsselung und dem Transport über das Internet wird der Empfänger die Nachricht entschlüsseln, und diese wird auf seinem Computer Spuren hinterlassen. Über das Internet können nun Spione diese Nachrichten aufspüren und sie anderen zugänglich machen. Unternehmen wie Wikileaks haben so schon vieles publik gemacht, was nicht für die Öffentlichkeit bestimmt war[16]

Kommunikationstheorie und Medienwissenschaften
Die Informationstheorie nach Shannon befasst sich nur mit der Informationsübertragung in technischen Systemen. Doch es hat nicht an Versuchen gefehlt, dessen Modell auch auf die zwischenmenschliche Kommunikation anzuwenden. Das Gehirn des Sprechers ist dann der Sender, wobei der Stimmmechanismus Schallwellen erzeugt, die zum Ohr des Hörers übertragen und an sein Gehirn weitergeleitet und zu Wissen verarbeitet werden. Wie viel neuer Informationsgehalt dort aber ankommt, lässt sich mit Wahrscheinlichkeitsüberlegungen nicht erfassen. Trotzdem prägt das Bild von Sender und Empfänger auch die psychologische Kommunikationstheorie, wobei anzumerken ist,

dass oft die semantisch gleichen Begriffe in Informatik und Psychologie unterschiedlich verwendet werden.

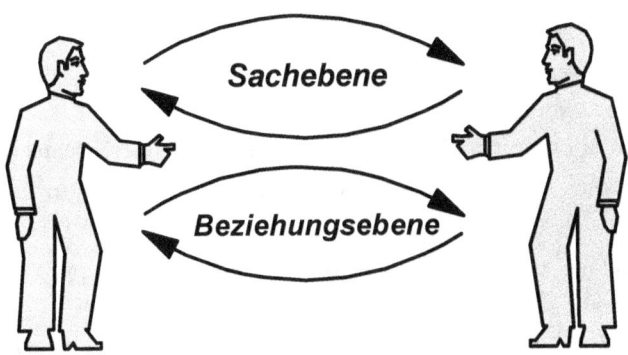

Abb 10: Sach- und Beziehungsebene

Bei der Kommunikation zwischen Menschen werden auf der Sachebene Informationen ausgetauscht. Gleichzeitig erfolgt aber stets auch auf der Beziehungsebene eine Kommunikation, wobei die Gesprächspartner verbal oder nichtverbal ausdrücken, was sie voneinander halten. Gespräche zwischen Menschen stellen immer eine Zweiwegkommunikation dar, auch wenn einer der Partner nicht spricht.

Eine Kommunikation zwischen zwei Menschen kann nie nur einseitig vom Sender zum Empfänger gehen. Der angesprochene Partner wird immer reagieren, ob er etwas sagt oder nicht. Jede Kommunikation vermittelt zudem neben dem sachlichen Inhalt der Nachricht auch eine Beziehungsbotschaft, die zum Ausdruck bringt, was die Partner voneinander halten. Beziehungen zwischen Menschen müssten deshalb eher mit systemischen Mitteln erfasst werden als mit der technischen Informationstheorie. Ob die Botschaft dann vom Sender richtig verstanden wird oder nicht, hängt nicht nur davon ab, ob beide die gleiche Sprache sprechen. Ebenso wichtig ist es, wie sie im Empfänger weiter verarbeitet wird. Die Kommunikationstheorie beschäftigt sich deshalb auch mit der Persönlichkeitsstruktur der Partner.

Information und Wirklichkeit
Information spielt in zwei weiteren Wissensgebieten eine wichtige Rolle: in der Genetik, bei der die Erbinformation in den Genen steckt, die dann bestimmen, wie sich lebende Formen entwickeln und im Grenzgebiet zwischen Quantenphysik und Philosophie. Hier sollen nur kurz die Ausführungen von Anton Zeilinger zum zweiten Gebiet erläutert werden. Die grundlegende These lautet: *„Ohne Beobachtung, ohne Messung, können wir keinem System irgendwelche Eigenschaften zuordnen!"* – Was vor der Beobachtung existierte, kann man nicht sagen, auch wenn man ein Teilchen oder die Interferenz einer Welle beobachtet hat. Beobachtung ist nichts anderes als Information. Ein Elementarteilchen kann aber nur ein Bit an Information zeigen. Es kann uns entweder etwas über den Ort aussagen, dann können wir die Welle nicht erkennen und umgekehrt. *„Im Sinn der klassischen Physik und auch in userm Alltagsweltbild ist die Wirklichkeit zuerst, die Information über die Wirklichkeit hingegen etwas abgeleitetes, etwas sekundäres. .... Unser Grunddilemma ist offenbar, dass wir zwischen Information und Wirklichkeit nicht unterscheiden können."* Und er fordert: *„Naturgesetze dürfen keinen Unterschied machen zwischen Wirklichkeit und Information"* und *„Wirklichkeit und Information sind dasselbe."* – Hier wirft Zeilinger den Philosophen einen schwer verdaubaren Brocken hin, insbesondere, wenn man bedenkt, dass die Information, die im Hirn ankommt und verarbeitet wird, von der Per-

sönlichkeitsstruktur abhängt. Ist am Schluss alles nur eine erfundene Wirklichkeit?

4.3 Computertechnik

Der Superautomat

Rechnen war schon immer eine schwierige Angelegenheit. Und so hat man immer wieder Hilfsmittel erfunden, die dem Menschen das Leben leichter machen sollten. Der Abakus als Rechenbrett wird heute noch in vielen Weltgegenden benutzt. Die Ingenieure verwendeten den Rechenschieber und die Buchhalter mechanische Rechenautomaten. Dann wurden die Lochkartenmaschinen entwickelt, die vor allem für statistische Auswertungen eingesetzt wurden. Der Ersatz der Mechanik durch die Elektronik führte zum Computer, der aber immer noch nichts anderes als ein Rechenautomat war. Die Eingabe erfolgte anfänglich über Lochkarten, als Output erhielt man einen Stoss bedrucktes Papier. Mit Sprachen wie Algol, Fortran oder Basic war es möglich, den Automaten so zu steuern, dass er die gewünschten Rechenschritte ausführte und zum Beispiel nicht integrierbare Funktionen numerisch berechnete. Die Computer eigneten sich aber auch zur Speicherung und Auswertung von Daten und die elektronische Datenverarbeitung (EDV) erreichte grosse kommerzielle Bedeutung.

Ein weiterer Schritt in der Computerisierung wurde durch die Prozessrechner eingeleitet, mit denen man technische Verfahrensabläufe standardisieren und automatisieren konnte. Anstelle von Druckern wurden Maschinen oder Instrumente am Output angeschlossen, die dann vom Rechner gesteuert und geregelt wurden. Als Beispiel seien die numerisch gesteuerten Werkzeugmaschinen erwähnt. Heute werden praktisch alle anspruchsvolleren Geräte mit den Mikroprozessoren gesteuert und geregelt.

Der Computertyp, der unser tägliches Leben verändert hat, ist jedoch der Personal Computer. Dazu waren zuerst gewaltige Entwicklungen in der Halbleitertechnik nötig. Daneben musste jedoch auch das Programmieren viel einfacher werden. Anstelle von einigen wenigen Programmen, bei denen der Benutzer noch in etwa wusste, was der Computer zu tun hatte, braucht es jetzt aber eine Unmenge von Programmen, die grösstenteils selbstständig ablaufen, sodass man den Eindruck erhält, der Computer führe ein Eigenleben. Der nächste Schritt war dann die Vernetzung der Computer im Unternehmen und im Internet. Seither ist der Benutzer nicht mehr alleiniger Herr über seinen Computer und Freunde und Feinde können darauf zugreifen. Dies sind Mails und Updates einerseits, aber auch Viren, Würmer, Trojaner und Spione andererseits.

Da vieles unverständlich geworden ist, sieht man gerne in Computern Wunderwerke, die der Quantenphysik entsprungen sein müssen. Dabei bleiben Computer aber immer Automaten, die nur blitzartig umprogrammiert werden können, die aber logische Funktionen ausführen. Sie gehören weiterhin zur klassischen Physik, wobei die bildhafte Quantenphysik mit Elektronen und Löchern, die sich bewegen und transportiert werden, klassischen Gesetzen gehorchen. Computer sind in der heutigen Welt das schlagende Beispiel, dass viele wissenschaftlich neue Erkenntnisse erst mit Hilfe dieses technischen Gerätes, mit diesem Superautomaten gewonnen werden konnten.

Die neue Betriebsamkeit
Die vielen neuen Möglichkeiten, die ein vernetzter Computer bietet, haben einen ungeheuren Aktivismus ausgelöst. Die Flut von Mails in Betrieben, die bearbeitet und beantwortet werden müssen, bringen nicht nur höhere Effizienz und Kostenersparnis. In vielen Fällen sind sie auch die Ursache für eine neue Kostenlawine. Auch im privaten Bereich kann man mit Informationen überhäuft werden. Erhielt man früher Feriengrüsse auf einer Postkarte, die mit gebührender Verspätung zum Empfänger gelangte, so erhält man heute täglich die neuesten Ferienfotos all jener Verwandten und Bekannten, die gerade unterwegs sind. Natürlich kann man sich darüber freuen; es kann aber auch übertrieben werden. Auch im wissenschaftlichen Bereich herrscht emsiger Betrieb. Nicht nur, dass man Ideen mit Fachkollegen auf der ganzen Welt rasch austauschen kann, nein, man kann sich auch über das Internet die Priorität für eine neue Idee oder eine neue wissenschaftliche Erkenntnis sichern. Es braucht nicht mehr den langen Weg über Fachzeitschriften, bei denen Experten über die Annahme oder Ablehnung eines Artikels entscheiden; man kann selbst seinen Artikel ohne Zensur ins Internet stellen.

Algorithmus und Informatik
Der Computer ist auch ein Beweis dafür, dass es zur Schaffung neuartiger Lösungen sowohl technische Entwicklungen als auch theoretisch neue Erkenntnisse braucht. 1931 hatte Gödel durch seinen Unvollständigkeitssatz gezeigt, dass es keine vollkommene Mathematik gibt, deren Korrektheit man immer mit den vorherrschenden Axiomen beweisen kann. Für den Beweis braucht es dann eine umfassendere Theorie mit weiter gehenden

Axiomen. Alan Turing, der die Enigma-Verschlüsselungsmaschine der Deutschen im Zweiten Weltkrieg weitgehend unwirksam gemacht hatte, entwickelte aus dem Gödelschen Satz das theoretische Konzept einer Maschine (Turing-Maschine), die jedes berechenbare Problem lösen kann. Dazu braucht es eine Methode, oder wie man besser sagt, einen Algorithmus.

Es gibt zwei Klassen von mathematischen Problemen, die einen sind mit einem Algorithmus lösbar, für die andern gibt es keinen Algorithmus, der zu einer Lösung führt. Zur zweiten Kategorie gehört das automatische Testen von Computerprogrammen, sodass man letztlich nie mit Sicherheit weiss, ob sie korrekt funktionieren[19]. Diese Erkenntnis ist eine der wichtigsten Grundlagen der Informatik, die zu einer eigenständigen Wissenschaft geworden ist. Später fand man heraus, dass es Probleme gibt, die zwar algorithmisch lösbar sind, deren Berechnung aber auch mit den neuesten Supercomputern länger dauern würde, als das Universum alt ist. Natürlich brauchte es zum Funktionieren der Computer in der Praxis nicht nur diese theoretischen Erkenntnisse, sondern sehr viele grosse und kleine Entwicklungen von Softwareprogrammen. Nicht umsonst gilt heute Bill Gates, der Entwickler des Betriebssystems MS-DOS, als der reichste Mann der Welt.

Abbildung der Realität mit Hilfe des Computers
Vor 1982, als der Personal Computer seinen Siegeszug antrat, gab es zwei Einsatzgebiete der damaligen Grossrechner: Technisch-wissenschaftliche Applikationen, bei denen man mit Methoden der numerischen Mathematik vor allem Differential- und Integralgleichungen löste, sowie die elektronische Datenverarbeitung (EDV) zur Rationalisierung der Vorgänge im

Unternehmen. In einer ersten Phase wurden Vorgänge, die bisher von Hand ausgeführt wurden, möglichst in der gleichen Weise mit dem Werkzeug Computer erledigt. Dabei speicherten alle dafür entwickelten Programme die notwendigen Daten autonom, sodass gleiche Inhalte wie zum Beispiel Namen und Adresse von Personen mehrfach erfasst und verwaltet werden mussten. Dadurch entstanden unübersichtliche, kaum mehr beherrschbare Systeme und man sprach vom Datenchaos. In der zweiten Phase versuchte man dieser Fehlentwicklung dadurch Herr zu werden, dass man zuerst ein unternehmensweites Datenmodell[20] aufbaute, auf das dann die einzelnen Programme und Applikationen zugreifen konnten.

Natürlich kann man nicht nur die Vorgänge im Unternehmen modellieren. Man kann auch andere Systeme, seien sie technischer Natur wie ein Auto oder der Verkehrsfluss in den Städten, oder seien sie biologisch, wie zum Beispiel die Population von Lebewesen in einer bestimmten Umwelt, auf dem Computer nachbauen. Dabei wird man aber bald an gewisse Grenzen stossen. Eine spezielle Anwendung solcher Modelle findet man in den sogenannten Expertensystemen. Sie berechnen zum Beispiel die Kreditwürdigkeit eines Unternehmens, wobei Daten aus der Umwelt und dem Unternehmen nach einer vorgegebenen Methode analysiert werden.

Biologische und pharmazeutische Forschung
Wirtschaft und Wissenschaft investieren viel Zeit und Geld in die computerunterstützte Biologie, sodass man heute schon von der Bioinformatik spricht. Beim Human Genom Project, welches die Sequenzierung des gesamten menschlichen Erbgutes zum Ziele hatte, fielen riesige Datenmengen an, die ohne computeri-

sierte Auswertungsverfahren nicht zu bewältigen gewesen wären. In der Zwischenzeit versucht man sich aber auch mit der Simulation biologischer Systeme mit dem Ziel, ein Computermodell für eine lebende Zelle zu entwickeln. Viel Geld wird auch für die Systembiologie aufgewendet, mit der die Zusammenhänge zwischen dem Funktionieren der Organe und den molekularen Vorgängen erforscht werden sollen.

Instrumententechnik

Dass heute in allen neuen Apparaturen und Instrumenten Mikroprozessoren vorhanden sind, welche die Bedienung und das Anzeigen von Messwerten erleichtern und verbessern, wundert niemanden. Interessanter sind die Instrumente, die es ohne Computernachbearbeitung gar nicht geben könnte. Viele dieser Instrumente findet man in medizinischen Analyseinstrumenten. Beispiele dafür sind die Computertomografen (CT) und die Magnetresonanzinstrumente (MRI: Magnetic Resonance Imaging). Hier müssen die physikalischen Messungen nicht nur ausgewertet, sondern auch in einer Form dargestellt werden, die ein Bild ergibt, welches der Arzt interpretieren kann. Dabei werden unterschiedliche Empfangssignale durch andere Farben dargestellt, die so einen Aussagewert bekommen. Auch wenn auf dem Bildschirm so etwas wie eine Fotografie erscheint, so entspricht dies nicht dem optischen Bild, welches man zum Beispiel in einem Mikroskop durch Vergrösserung erhält. Der Informationsgehalt liegt auf einer andern, aber diagnostisch wichtigen Ebene. Auch mit dem Rastertunnelmikroskop sieht man nicht die einzelnen Atome, obwohl man das populär gerne sagt. Man misst an verschiedenen Stellen den Tunneleffekt, wertet die Resultate mit dem Computer aus und unterlegt die Resultate mit Farben. Auch heute noch könnte der alte Ernst Mach (1838-

1916) fragen „Ham's ans g'sehn?", wobei er das Atom meinte, und man müsste sagen: „Nein. - Wir haben nur die Wirkung der Atome gemessen und an ihrer Existenz gibt es keinen Zweifel!"

Phänomenologische Wissenschaften
Wie die obigen Beispiele zeigen, haben nicht nur die exakten, auf Axiomen und mathematischen Formeln basierenden Wissenschaften durch die Computertechnik grosse Fortschritte erzielt. Auch die EDV, die vorerst für betrieblich kommerzielle Zwecke entwickelt wurde, hat ungeahnte Entwicklungen in den phänomenologischen Wissenschaften[21] hervorgebracht, wobei grosse Datenmengen katalogisiert und nach bestimmten Gesichtspunkten ausgewertet werden müssen. Dabei ist zu bemerken, dass der Grossteil der ‚exakten' Wissenschaften auf dem Erfassen und Auswerten von Daten beruht. Zudem müssen zum Beispiel in der Medizin Symptome erkannt und Krankheitsbildern zugeordnet werden. Aber auch in den sogenannten Geisteswissenschaften haben sich durch den Computereinsatz viele neue Erkenntnisse und Möglichkeiten ergeben, die vorher undenkbar waren.

Anmerkungen

1   Zuerst musste man sich mit geregelten Kupplungen oder Wandlern, wie der Sager-Asynchron-Kupplung begnügen. Mit der Entwicklung der Thyristoren, die auch bei hohen Überspannungen nicht defekt gingen, konnte man die Motoren direkt regeln. Ein wichtiges Einsatzgebiet ist der Antrieb von Schienenfahrzeugen.

2   Auch wenn riesige Fortschritte erreicht worden sind, ist das Ziel der Gleichstellung noch lange nicht erreicht.

3   Der Psychologe Eric Berne ist einer der Hauptvertreter der Transaktionsanalyse, die verborgene Motive bei immer wieder gleichen Handlungen erforscht. Berühmt ist sein Buch ‚Spiele der Erwachsenen'. Die Transaktionsanalyse wird oft als Hilfsmittel beim Kommunikationstraining eingesetzt.

4   In der Physik: Atome – Protonen, Neutronen und Elektronen – Elementarteilchen.
In der Biologie: Organe – Zellen – Chromosomen – Gene.

5   Morphologischer Kasten

6   Mathematisch kann dies durch die logistische Gleichung beschrieben werden:
$$x_{n+1} = r \cdot (1-x_n) \cdot x_n$$
x_n : Zahl der Tiere der n-ten Generation,
r: Reproduktionsrate

7   Man spricht dann von einem deterministischen Chaos: Die gesetzmässigen (mathematischen) Zusammenhänge sind zwar bekannt, trotzdem ist eine Langzeitprognose nicht möglich. Gleiches gilt für ähnliche Systeme; eine langfristige Wetterprognose ist nicht möglich, obwohl dabei keine Lebewesen eine Rolle spielen.

8   z. B. Unfälle bei grosstechnischen Chemieanlagen oder Umweltkatastrophen durch menschliche Eingriffe in den Regenwald oder das Klimasystem.

9   Fernschreiber, die Morsezeichen übertrugen, waren schon bekannt.

10 Obwohl die Existenz des Äthers nicht nachgewiesen werden konnte und er stofflich nicht existiert, spricht man heute noch davon, dass eine Nachricht über den Äther gegangen sei.

11 Ein amplitudenmoduliertes Radiosignal besteht aus der Trägerfrequenz und den beiden Seitenbändern, welche aus dem niederfrequenten Signal stammen.

12 Es gilt die Beziehung: $\Delta t \cdot \Delta \omega \approx 1$; $\omega = 2\pi f$; f: Frequenz.

13 Man spricht auch vom Cäsar-Code, wobei die Buchstaben im Alphabet um eine bestimmte Stellenzahl verschoben werden. Schon Julius Cäsar soll diese Methode verwendet haben.

14 Basis der Keys sind zwei grosse Zahlen, die in ihre Primfaktoren zerlegt werden müssen. Bei 128 Bit langen Zahlen ist die Anzahl möglicher Private Keys eine 40-stellige Zahl; damit wird die Wahrscheinlichkeit sehr klein,

dass selbst mit den schnellsten Rechner innerhalb weniger Jahre der passende Key gefunden wird. Geht man auf 1024 Bit, so wird die Aufgabe noch schwieriger (Beispiele findet man in Buch von Simon Singh: Geheime Botschaften).

15 Der Nobelpreisträger Laughlin hat wegen der quantenmechanischen Unbestimmtheit grundsätzliche Einwände gegen das Funktionieren der Quantenverschlüsselung, da damit zwangsläufig Fehler verbunden sind.

16 Etwas salopp könnte man sagen, dass die Code-Knacker von gestern nun die Hacker von heute sind.

17 Die digitalen Daten werden mit einer Mischung aus Frequenz- und Zeitmultiplexing übertragen.

18 Hinweis auf Literatur zur Kommunikationspsychologie: Schulz von Thun, „Miteinander Reden"; Kälin, Müri, „Sich und andere führen".

19 Es muss deshalb nicht wundern, dass auch beste Computer hängen bleiben oder abstürzen können. Diese Erkenntnis ist einerseits furchterregend, wenn man bedenkt, was alles von Computern abhängt, andererseits auch tröstlich, da nicht alles automatisierbar ist.

20 Basis dafür sind sogenannte relationale Datenbanken.

21 Phänomenologisch wird hier in dem Sinne gebraucht, dass Objekte nach ihren Eigenschaften geordnet und klassifiziert werden. In der Erkenntnistheorie wird der Begriff ‚Phänomenologie' anders verwendet.

5

Trade-off - Technologien

5.1 Die S-Kurve

Der wissenschaftliche Fortschritt hat immer wieder zu neuen Technologien und technische Anwendungen geführt. Oft hat dann die neue Technik selbst wieder neue wissenschaftliche Durchbrüche ermöglicht. Wie für jedes Produkt oder für jede Branche kann auch für jede Technologie eine S-Kurve skizziert werden, die den Lebenslauf der neuen Technik veranschaulicht. Dabei kann man vier Phasen unterscheiden: Entstehung – Akzeptanz – Breite Nutzung – Substitution.[1]

Wenn hier von Trade-off – Technologien die Rede sein soll, dann sind solche Technologien gemeint, bei denen Nutzen und Gefahren gegeneinander abzuwägen sind.

In der Entstehungsphase gibt es oft einen Konflikt zwischen zwei Lagern: Leute, die ein ungeheures Potenzial in der neuen Technik sehen und Leute, die (oft übertriebene) Angst vor dem Neuen haben und die Technologie einschränken oder verbieten wollen. In der Phase der Akzeptanz sehen die meisten Leute nur die positiven Seiten der Technik und alle wollen von den Vorteilen profitieren (Beispiel: Mobiltelefon). Die breite Nutzung ist meist nur bei den hoch entwickelten Volkswirtschaften vorhanden. Entwicklungsländer möchten aber auch von den Annehmlichkeiten der Technologie profitieren. Durch die extensive, oft übertriebene Nutzung entstehen aber Nebenwirkungen, die im schlimmsten Fall zu Katastrophen führen können. Bestes Beispiel ist der hemmungslose Energieverschleiss, der zu Umweltkatastrophen führen kann. So gesehen können alle Technologien als Trade-off – Technologien bezeichnet werden. Hier sollen jedoch diejenigen besonders besprochen werden, die heute intensiv in Gesellschaft und Politik diskutiert werden und die ethische Fragen aufwerfen.

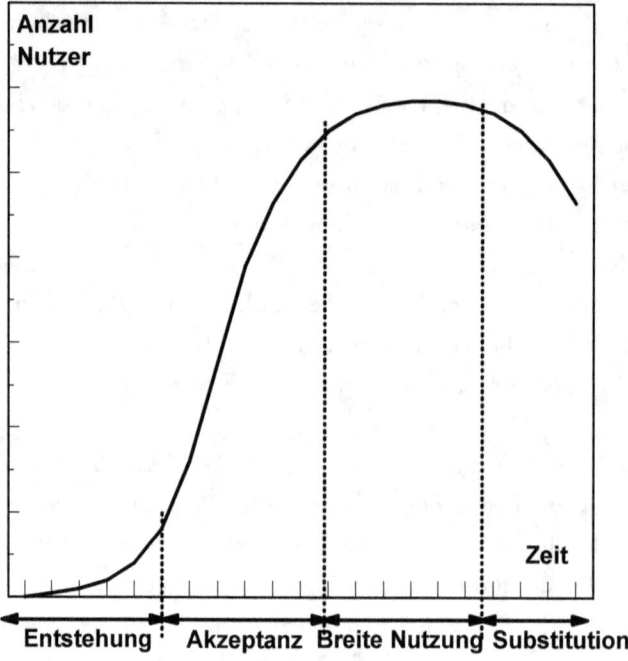

Abb. 11: Die S-Kurve

5.2 Die Trade-offs in der Energietechnik

Verbrennungsmotoren

Das Automobil wird breit genutzt und kann wohl durch nichts mehr ersetzt werden. Sein Antriebsaggregat oder besser gesagt, seine Energiequelle und seine Abgase stellen die Menschen vor einen Trade-off: Mobilität gegen Umweltschutz. Durch die Verbrennung entstehen verschiedene Schadstoffe, vor allem CO_2, das massgeblich für den Treibhauseffekt verantwortlich ist. Nun ist die Technik gefordert: Wie baut man Motoren, die bei gleicher Leistung weniger Treibstoff benötigen? – Wie kann das Gewicht des Fahrzeugs durch andere Materialien reduziert werden? – Schon viele Fortschritte wurden erzielt, aber durch die Nachfrage nach grösseren und stärkeren Autos wieder zunichte gemacht. Zudem wollen die sich entwickelnden Volkswirtschaften auch von der Mobilität profitieren, sodass die Zahl der sich im Verkehr befindenden Automobile noch immer zunimmt. Wenn der Ersatz von Benzin durch Biotreibstoffe gefördert wird, so hat man mindestens eine erneuerbare Energiequelle, die CO_2 neutral ist. Allerdings stellt sich die Frage, ob die vorhandenen Anbauflächen nicht besser genutzt werden sollten, zum Beispiel zur Bekämpfung des Hungers in der Welt. Ebenso wichtig sind die Anstrengungen zum Ersatz des reinen Benzinmotors durch Hybrid- oder Elektromotoren oder gar durch den Wasserstoffmotor. Allerdings müssen dafür noch grosse Investitionen getätigt werden.

Reaktortechnik

Begonnen hat alles mit der berühmten Formel von Einstein $E = m \cdot c^2$. Wenn Masse in Energie umgewandelt werden könnte, dann müssten ungeheure Energiemengen frei werden. Als dann Otto

Hahn 1938 von der gelungenen Uranspaltung berichtete, begann der Wettlauf nach der Atombombe. Dabei spielt Uran eine entscheidende Rolle. Das Isotop U^{235} absorbiert Neutronen und wird dabei instabil. Beim Zerfall setzt es wieder Neutronen frei, womit eine Kettenreaktion ausgelöst werden kann. Die verheerende Wirkung der Atombombe kennt man seit Hiroshima.

Hahn hätte wohl nie so weit kommen können, hätte er in Lise Meitner nicht eine geniale Partnerin gehabt. Sie musste zwar vor seiner Entdeckung wegen der Nazis nach Schweden fliehen, war aber die Erste, die richtig verstanden hatte, was passiert war. Trotzdem wurden über lange Jahre ihre wissenschaftlichen Leistungen und Beiträge verschwiegen.

Die Reaktortechnik nützt die gleichen Effekte, dient aber friedlichen Zwecken. Dabei geht es darum, den riesigen Energiebedarf der Menschheit zu decken. Kernkraftwerke sind sauber und belasten die Umwelt nur wenig. Mit ihnen könnte eines der wichtigen Probleme der modernen Menschheit gelöst werden. Allerdings gibt es zwei praktisch unlösbare Probleme:

- Ein Kernkraftwerk ist ein hochkomplexes System und solch komplexe Systeme sind nie vollständig beherrschbar. Es könnte zu einem GAU[2] kommen, einem katastrophalen Unfall, bei dem Radioaktivität freigesetzt wird. Auch wenn die Wahrscheinlichkeit für einen GAU sehr klein ist, ausschliessen kann man ihn nicht.
- Bei Kernreaktoren entsteht radioaktiver Abfall, der entsorgt, beziehungsweise in einem sicheren Endlager aufbewahrt werden muss. Die Abfallprodukte strahlen zum Teil über Jahrhunderte und niemand kann über eine so

lange Zeit garantieren, dass diese Stoffe nicht letztlich in die Umwelt gelangen.

Diese Option der sauberen Energie und der gesicherten Energieversorgung ist gescheitert und es ist eine politische, aber auch eine ethische Frage, ob man weiter auf Kernenergie setzen will. Einen Hoffnungsschimmer gibt die Kernfusion, bei der wie auf der Sonne Wasserstoffatome zu Helium verschmelzen und Energie frei setzen. Allerdings kommt man seit Jahren nicht richtig vom Fleck, und auch da weiss man noch nicht, was mit den bestrahlten Behältern geschehen soll. Damit bleibt die Substitution der Energieerzeugung durch umweltverträgliche und erneuerbare Energien weiterhin ein eminent wichtiges Thema. Auch wenn Fortschritte nur langsam erzielt werden, so ist die Förderung der Photovoltaik (Solarzellen) und die Ausnutzung der Windenergie ein Versprechen für die Zukunft.

5.3 Nanotechnologie

Instrumente
In der Nanotechnik sehen viele eine Zukunftstechnologie mit ungeheurem Potenzial, obwohl nicht klar definiert ist, was zur Nanotechnologie gehört und was nicht. Zuerst heisst ‚nano' winzig, oder 0,000 000 001 Meter. Objekte dieser Grösse werden der Nanotechnik zugeordnet. Dies entspricht etwa der Dicke von zwei Atomlagen auf einem flachen Substrat wie zum Beispiel Glas. Solche Schichten kennt man aus der Dünnschichttechnik, wenn zum Beispiel Chrom als Haftschicht auf Silizium aufgebracht wird, auf den man als Leiterbahnen Kupfer und Gold durch Aufdampfen oder Kathodenzerstäubung (Sputtering) niederschlagen will. Auch die Gentechnik arbeitet in diesen Dimen-

sionen. Man kann sich also fragen, ist Nanotechnik etwas Neues oder nur ein neuer Name, eine neue Verpackung für etwas, was man seit Jahren praktiziert. Warner weisen auf mögliche Gefahren dieser Technik hin, wobei meist diffuse Ängste vorherrschen. Allerdings gibt es auch ernst zu nehmende Bedenken, wenn die neu erzeugten Teile nicht fest an einen Träger gebunden bleiben und wie Feinstaub in der Luft herumschweben.[3]

Begonnen hat die neuere Geschichte der Nanotechnologie mit der Entwicklung des Rastertunnelmikroskops durch Rohrer und Binning, wofür die beiden Forscher 1986 den Nobelpreis für Physik erhielten. Durch Ausnutzung des Tunneleffekts, wobei Elektronen aus dem Atom in der Spitze einer Sonde einen Strom entstehen lassen und durch nachfolgende Bildbearbeitung mit dem Computer kann man einzelne Atome ‚sehen', genauer gesagt ihre Spuren erkennen. Gleichzeitig entdeckten die Forscher, dass Atome sich durch Sonden an andere Stellen verschieben lassen. Die gleichen Informationen wie mit dem Rastertunnelmikroskop erhält man mit dem Rasterkraftmikroskop. Anstelle des Tunneleffekts wird die mikroskopische Verbiegung einer Blattfeder durch die Atome der Oberfläche registriert und ausgewertet. Auch hier handelte es sich zunächst um ein Beobachtungsinstrument, wobei man sich wie in der Mikroelektronik immer noch in der klassischen Physik[4] befindet.

Von technischem Nutzen ist der sogenannte GMR-Effekt[5]. Er tritt auf, wenn zwischen zwei ferromagnetischen Schichten (Eisen, Kobalt) eine dünne Schicht aus Chrom oder Kupfer angebracht wird. Die Magnetisierung der ferromagnetischen Schichten kann durch ein äusseres Magnetfeld umgepolt werden. Der Widerstand des Schichtsystems ist dann klein, wenn beide

Schichten in gleicher Richtung magnetisiert sind. Bei entgegengesetzter Richtung ist der Widerstand gross.[6] Auf dieser Basis wurden hochsensible Leseköpfe für Festplatten entwickelt. Für die Entdeckung dieses Effektes erhielten Peter Grünberg und Albert Ferr 2007 den Physiknobelpreis; das Nobelpreiskomitee nannte die GMR-Leseköpfe ‚eine der ersten Anwendungen der Nanotechnologie'.

Nanomaterialien
In der Natur findet man Materialien, die von ihrer Grösse her der Nanowelt zuzuordnen sind. Dazu gehören die Kohlenstoffnanoröhrchen und die Fullerene. Beide bestehen nur aus Kohlenstoff und sie werden in Russpartikeln gefunden. Der Durchmesser der Röhrchen liegt bei 10 – 50 Nanometer. Sie haben teils metallische, teils halbleitende Eigenschaften. Fullerene sind sphärische Moleküle, wobei 60 Kohlenstoffatome sich zu einem Gebilde vereinigen, das wie ein moderner Fussball aussieht. Technische Anwendungen sieht man vor allem als Schmiermittel und Katalysatoren. Mit Silizium-Nanoröhrchen als Anode ist es möglich, die zehnfache Ladung in einem Lithium-Ionen-Akku zu speichern. Bekannt geworden ist auch Graphen. Graphen ist eine Kohlenstoffschicht, die aus nur einer Atomlage besteht, für deren Herstellung und Erforschung Novoselov und Gein 2010 den Nobelpreis erhielten. Graphen könnte in einiger Zeit Silizium als Halbleiterelement ablösen, wobei 100-mal höhere Taktfrequenzen in Supercomputern möglich sein sollten. In der Zwischenzeit versucht man, Materialien herzustellen, die ungewöhnliche Eigenschaften haben. Dazu gehören die Metamaterialien.[7] Interessant sind Gebilde mit negativer Brechzahl. Damit könnten neue optische Effekte und Linsen realisiert werden, wobei noch vieles im spekulativen Bereich liegt.

Nanotechnik

Die Nanotechnik im engeren Sinn befasst sich mit der Herstellung und Beobachtung von neuartigen Gebilden durch Manipulation mit den Atomen auf einer Oberfläche. Bedeutend ist, dass dadurch Moleküle oder Moelekülketten entstehen können, die gänzlich neue Eigenschaften haben. Dabei beobachtete man in vielen Fällen, dass bei diesen kleinen Dimensionen Moleküle mit grossen Oberflächen entstehen. In makroskopischem Massstab haben solche Gebilde eher die Tendenz, eine möglichst kleine Oberfläche zu bilden, sodass im Innern ein grosses Volumen gespeichert werden kann. Grosse Oberflächen haben chemisch und biologisch interessante Eigenschaften, da sie neue Effekte und Bindungen ermöglichen. Auch die Natur schafft oft solche Oberflächen, um Pflanzen oder Tiere besser an die Umwelt anzupassen.

Der Grossteil der Forscher, die sich mit der Nanotechnik befassen, betätigt sich als Sammler. Die vielen, neu beobachteten Erscheinungsformen[8] müssen erfasst und katalogisiert werden. Damit ist die Nanotechnologie eine phänomenologische Wissenschaft wie etwa die Pflanzenkunde. Wie dort hofft man auch hier, auf solche Gebilde zu stossen, die eine Wunderwirkung haben. Und es ist mit grosser Wahrscheinlichkeit anzunehmen, dass man solche Kategorien von Nanoteilchen finden wird. Die neuen Winzlinge sind somit für die angewandte Forschung äusserst interessant. Damit könnten neue Katalysatoren entwickelt werden, aber auch in der Pharmaindustrie hofft man, neue Medikamente entwickeln zu können. Auch Oberflächen von Textilien oder Glas (z. B. Brillen) können so behandelt werden, dass sich kein Schmutz ansammeln kann. Wie man sieht, sind das alles sinnvolle und wünschenswerte Entwicklungen. Dabei muss festgehalten werden, dass viele Resultate nur durch interdisziplinäre Teams erzielt werden können. Physiker, Mediziner, Biologen und Textilfachleute müssen zusammenarbeiten, damit brauchbare, neue Produkte entstehen. Die Zukunft wird zeigen, ob man mit der Nanotechnik auch den CO_2-Ausstoss, der zu einem wesentlichen Teil für die Klimaveränderung verantwortlich ist, nachhaltig verringern kann.

5.4   Genomik

Genetik

Die klassische Genetik ist mit dem Namen des Augustinermönchs Gregor Mendel verknüpft. Er untersuchte vor allem Erbsen und ihre typischen Merkmale. Dabei konnte er zwischen dominanten und rezessiven Erbanlagen unterscheiden und so die Häufigkeit der Merkmale bei den nachfolgenden Generationen vorhersagen. Um 1900 entstand die Chromosomentheorie, welche die Ergebnisse von Mendel gut bestätigte. Mit den Mendelschen Regeln konnten aber nicht alle vererbten Merkmale erklärt werden, und oft waren nur statistische Voraussagen möglich. Es scheint, dass viele additiv wirkende Gene am Schluss zu einem bestimmten Merkmal führen. Leider blieb die Genforschung schon bald nicht mehr wertfrei und, es entstanden Ideen zur ‚Verbesserung des Erbguts' der Bevölkerung. Francis Galton prägte 1883 den Begriff der ‚Eugenik', wobei die von ihm ausgelöste Bewegung rasch rassistische Züge annahm. Ihren traurigen Höhepunkt erreichte sie im Dritten Reich, wo unter dem Stichwort ‚Rassenhygiene' Menschen sterilisiert und auch massenweise umgebracht wurden.

Genforschung

Mit den Fortschritten in der Molekularbiologie begann ein neues Kapitel in der Genforschung. 1944 erbrachte Oswald Avery den Nachweis, dass die DNA (Desoxyribonukleinsäure) das Material ist, welches die genetische Information enthält. Viel weiter wäre man wohl nicht gekommen, wenn nicht viele neue technische Hilfsmittel entwickelt worden wären: Instrumente, Apparaturen und vor allem Computer. Nach heutigem Wissensstand besteht das DNA-Molekül aus zwei Ketten, die wie parallel verlaufende Federn miteinander verwunden sind (Doppelhelix[9]). Dabei stellte sich heraus, dass alle Gene aus DNA bestehen, aber nicht alle Teile der DNA bilden Gene. Der grösste Teil der DNA befindet sich in den Chromosomen, aber auch im Zellplasma findet man DNA-Stränge. Die Sache ist also recht kompliziert und die Forschung ist noch lange nicht abgeschlossen.

Heute ist der Begriff des Gens recht unscharf geworden. Man geht davon aus, dass der Mensch etwa 40 000 Gene besitzt. Aber was ist ein Gen? – Manchmal ist die Modellvorstellung, dass Gene so was wie Perlen auf den Chromosomensträngen seien, hilfreich. Gene hätten dann den Charakter von Atomen und wären genau lokalisierbar. Aber diese Auffassung hält einer kritischen Betrachtung nicht stand. Vielleicht muss man eher die Funktion der DNA-Sequenzen als Gen bezeichnen, und oft kann man nur mit Bildern aus den Computerwissenschaften ausdrücken, was ein Gen sein könnte. So wird die DNA oft als Programm umschrieben, wobei die Gene dann Untereinheiten dieses Programms wären. Gene sind vor allem der Grund dafür, dass eine Zelle bestimmte Produkte herstellen kann, und die wichtigsten Produkte sind die Proteine. Meist ist ein pragmatisches Vorgehen wichtiger als das Ringen um den richtigen Genbegriff. Fast einfacher ist der Begriff des Genoms: ‚Als Genom bezeichnet man die Gesamtzahl aller Gene einer Zelle oder eines Organismus'.

Gentechnik
Zur Gentechnik gelangte man durch die Entdeckung, dass man die DNA zerlegen und wieder anders zusammenfügen kann. Damit konnte man einerseits die DNA-Sequenzen analysieren und krankheitserregende Gene lokalisieren. Schlussendlich gelang es auch, neue fremdartige Gensequenzen in die DNA einbauen. Eine praktische Umsetzung der Gentechnik ist die DNA-Analyse, die im grossen Stil zur Identifikation von Verbrechern oder zum Nachweis der Vaterschaft eingesetzt wird. Die neue Technik stimulierte aber auch den wissenschaftlichen Ehrgeiz. Mit dem ‚Human Genom Project' wollte man das gesamte menschliche Erbgut katalogisieren. Das Projekt, das teilweise unter Konkurrenzbedingungen ablief, konnte aber nur erfolgreich durchgeführt werden, weil einerseits äusserst leistungsfähige Computer zur Verfügung standen und andererseits Managementmethoden aus der Industrie zum Einsatz kamen. Daten sind nun viele vorhanden, ihre Interpretation wird noch einige Zeit in Anspruch nehmen. Genomik ist letztlich eine phänomenologische Wissenschaft.

Der zweite Einsatz der neuen Technik ging und geht in der Richtung gentechnisch veränderter Pflanzen. Damit ist es zum Beispiel möglich, Maispflanzen herzustellen, die nicht nur höhere Erträge abwerfen, sondern auch gegen gewisse Schädlinge resistent sind. Experten gehen davon aus, dass mit solchen Pflanzen das Hungerproblem in der Dritten Welt nachhaltig gelöst werden könnte. Dies wäre ein schöner Erfolg in der Geschichte der Menschheit. Kritiker fürchten aber, dass die neuen Produkte gesundheitlich nicht unbedenklich seien und dass sie die bestehenden Pflanzenarten verdrängen könnten[10]. Nun sind unsere Umwelt und der natürliche Lebensraum von Tieren und Pflanzen wohl mehr durch die drohende Klimakatastrophe gefährdet als durch neue Züchtungen, die nun im Labor und nicht mehr in langsamer Kultivierung durch Gemüsebauer entstehen. Und es wird nur wenig Zeit vergehen, bis ein Grossteil der Menschheit gentechnisch veränderte Produkte gegessen hat und daran nicht zugrunde gegangen ist.

Biomedizinische Forschung
Bei der biomedizinischen Forschung gerät man schnell an ethische Grenzen. Zum Ersten taucht die Frage auf, was patentierbar ist und so zum Monopol einiger Grosskonzerne werden soll. Zum Zweiten könnten Versicherungsgesellschaften aufgrund von Genanalysen bestimmte Menschen als höheres Risiko ganz oder teilweise aus ihren Leistungen ausschliessen, was den sozialen Zusammenhalt der Gesellschaft gefährden würde. All dies wäre aber immer noch durch entsprechende Gesetzgebung in den Griff zu bekommen.

Die biomedizinische Forschung setzt sich aber andere Ziele. Positiv gesprochen geht es um die Gewinnung von Stammzellen, um daraus Ersatzgewebe herzustellen. Das Wichtigste ist, dass dieses nicht vom Patienten abgestossen wird. Auch hofft man, daraus Medikamente gegen die Parkinson-Krankheit oder Diabetes zu gewinnen. Stammzellen sind Körperzellen, die noch nicht ausdifferenziert sind. Ihre spätere Verwendung im Organismus (zum Beispiel als Haut- oder Leberzelle) ist noch nicht festgelegt, wobei man versucht, sie so zu beeinflussen, dass sie die gewünschte Zellenform annehmen. Auch wenn dies noch ein langer Weg sein wird, konnten doch schon wichtige Fortschritte registriert werden. 2007 erhielten Capecchi, Evans und Smithies den Medizinnobelpreis für ihre bahnbrechenden Entdeckungen im Bereich der embryonalen Stammzellenforschung und Genetik. Mit den von ihnen gezüchteten ‚Knock-out-Mäusen' können Studien über die Wirkungsweisen von Gensequenzen studiert werden.[11]

Die ethische Frage entzündet sich vor allem an der Art der Gewinnung von Stammzellen von Menschen. Werden adulte Stammzellen aus der Nabelschnur oder dem Knochenmark gewonnen, so wird das allgemein akzeptiert. Wenn aber dazu Embryonen geklont werden, dann ist das aus ethischen Gründen sehr umstritten[12]. Dabei wird der Zellkern einer Person in die entkernte Eizelle einer Frau mittels Kerntransfer gebracht. Werden aus den geklonten Embryonen Stammzellen für medizinische Zwecke gewonnen, so spricht man vom therapeutischen Klonen. Wird der Embryo einer Frau eingepflanzt, wo er zum Kind heranreifen soll, dann spricht man vom reproduktiven Klonen[13]. Dass da Horrorvisionen entstehen, ist verständlich[14]. Vieles ist im Fluss und bis zum Erscheinen dieses Buches werden wohl neue Tatsachen geschaffen worden sein, und in der Ethikdiskussion wird man versuchen, neue Grenzen zu ziehen.

Anmerkungen

1 Im Marketing hat man meist eine feinere Phaseneinteilung, wobei für jede Phase eine spezifische Marktstrategie entwickelt wird.

2 GAU: Grösster angenommener Unfall. *(Dieser Abschnitt wurde vor der im März 2011 eingetretenen Kathastrophe von Fukushima in Japan geschrieben, die am als GAU bezeichnete).*

3 Feinstaub kann wie früher Staub von Asbest in die Atemwege und die Lunge gelangen und ernsthafte gesundheitliche Störungen verursachen.

4 Zur klassischen Physik ist auch die bildhafte Quantenphysik zu zählen, in der man sich Atome und Elektronen als kleine Kügelchen vorstellt, die man dann auch bildhaft sehen kann.

5 GMR-Effekt: Giant Magnetoresistance, Riesenmagnetwiderstand.

6 Der Effekt wird mit der Wirkung des Spins der Elektronen erklärt.

7 Metamaterialien sind künstlich hergestellte Strukturen durch periodische Anordnung von Zellen, die etwa 50 Nanometer gross sind (kleiner als ein Viertel der Wellenlänge von Licht).

8 Die sich ausbildenden Formen bei der Erzeugung von Nanoteilchen sind das Resultat der Selbstorganisation in der Physik. Mit Hilfe der Chaostheorie und der Theorie komplexer Systeme kann man solche Vorgänge auf dem Computer simulieren. Damit erhält man ein Verständnis für die Vorgänge; echt physikalisch erklären kann man sie aber nicht.

9 Das Rückgrat der Doppelhelix besteht aus Phosphaten und Zucker. Die Sprossen werden durch komplementäre Basenpaare (Adenin und Guanin bzw. Cytosin und Thymin) gebildet.

10   Den grössten Einfluss auf die einheimische Fauna hatte die Entdeckung Amerikas und damit verbunden der Anbau neuer Pflanzenarten (Mais, Kartoffel, Tomate usw.). Auch heute werden Pflanzen aus fremden Kontinenten eingeführt und verdrängen zum Teil einheimische Pflanzen.

11   Dabei werden embryonale Stammzellen von Mäusen genetisch manipuliert, wobei bestimmte Gene ausgeschaltet oder durch andere ersetzt werden. Damit kann das Erbgut der Mäuse gezielt verändert werden, wobei neue Mäusetypen gezüchtet werden, die sich auch vermehren können.

12   In der Schweiz sind gemäss Bundesverfassung alle Arten des Klonens verboten. Einige Länder erlauben aber das Klonen zu therapeutischen Zwecken.

13   Auf diese Art will man neue Tierarten für die Lebensmittelproduktion erzeugen; allerdings hat sich der Ethik-Ausschuss der EU dagegen ausgesprochen hat.

14   Im Jahr 2007 hat Craig Venter, der beim Human Genom Project eine massgebliche Rolle gespielt hat, bekannt gegeben, dass er in Form einer Bakterie das erste künstliche Lebewesen schaffen werde. Er meinte dazu: „Wir gehen vom Lesen unseres genetischen Codes zur Möglichkeit über, ihn zu schreiben". Das Bakterium soll ‚Mycroplasma laboratorium' heissen. Und am 22. Mai 2010 stand in der Zeitung, dass dies Venter gelungen sei. Ob dieses Bakterium ein Nutzen oder ein Fluch für die Menschheit sein wird, muss die Zukunft zeigen. Allerdings kann man sich fragen, welche Risiken man eingehen darf und wo die ethischen und die Grenzen im menschlichen Handeln sind.

6

Denkzeuge

6.1 Wo und wann braucht es Management?

Nicht nur Handwerkzeuge und technische Systeme sind für den wissenschaftlichen Fortschritt von grosser Bedeutung, sondern auch Methoden zur Problemlösung und zum systematischen Denken. In Analogie zu den Werkzeugen kann man auch von Denkzeugen sprechen. Dazu gehören beispielsweise Methoden und Techniken zum Lösen von Differentialgleichungen oder Tabellenprogramme wie Excel, die zum systematischen Erfassen von Messdaten eingesetzt werden können. Auch bei der Softwareentwicklung wendet man bestimmte Techniken, um rasch zu brauchbaren Resultaten zu kommen. Hier tut sich die Brücke zum Projektmanagement auf.

Wenn in diesem Buch Managementtechniken vorgestellt werden, dann geschieht es in der Überzeugung, dass grosse wissenschaftliche Vorhaben wie zum Beispiel das Human Genom-Projekt oder der Bau von grossen Beschleunigern nicht mehr ohne Managementmethoden zu bewältigen sind. Aber auch der Leiter eines wissenschaftlichen Instituts oder einer Klinik kommt ohne ein Grundwissen in Management kaum mehr zurecht. So verlangen Spitäler oft von Chefärzten, dass sie nebst einem hervorragenden fachlichen Ausweis zusätzlich einen MBA (Master of Business Administration) vorweisen können. Dabei ist zu beachten, dass Management zuerst eine Technik oder ein Handwerk ist, das in seinen Grundzügen gelernt werden kann.

Management ist zudem eher eine Kunst als eine Wissenschaft, obwohl die Betriebswirtschaftslehre versucht, Management wissenschaftlich zu verstehen. Die Kunst besteht darin, Menschen auf ein gemeinsames Ziel hin zu motivieren und zu führen.

Das erste und auch wichtigste Managementinstrument ist die Buchhaltung. Schon im 4. Jahrhundert vor Christus findet man in Ägypten einfache Buchhaltungssysteme. Im Mittelalter wollten die Klöster ihre Ein- und Ausgaben festhalten, wobei der Franziskanermönch Pacioli um 1494 eine erste Buchführungslehre verfasste. Die bis heute praktizierte doppelte Buchführung wurde in den italienischen Handelsstädten entwickelt. Obwohl immer wieder neue Regeln[1] zur Vereinheitlichung und zur besseren Transparenz aufgestellt und als verbindlich erklärt werden, so ist doch der Kern des Rechnungswesens mit der Bilanz und der Gewinn- und Verlustrechnung gleich geblieben.

6.2 Projektmanagement

Projekte sind geführte Vorhaben zur Erreichung eines bestimmten Ziels; sie haben einen Anfang und ein Ende. Projekte in diesem Sinne sind einmalig, bewirken eine Veränderung und beinhalten immer auch ein bestimmtes Risiko. Der Bau der Pyramiden war demnach ein Projekt; das Gleiche gilt für den Bau der gotischen Kathedralen. Die Systematisierung der Projektarbeit erfolgte erstmals im Rahmen militärischer Vorhaben. Beispiele sind der Bau von Unterseebooten und die Entwicklung der Polaris-Raketen; aber auch die Mondmission der Amerikaner wäre ohne Projektmanagement nicht möglich gewesen. Dabei müssen verschiedene Menschen aus verschiedenen Fachrichtungen mit ihrem Können und ihrer Erfahrung zusammenarbeiten, damit ein gemeinsames Ziel erreicht wird. Bei der Projektarbeit vermischen sich drei Disziplinen: das Systems Engineering, das Projektmanagement im engeren Sinn und die Führung von Mitarbeitern und Teams.

Systems Engineering
Soll ein grosses Vorhaben realisiert werden, so muss das zu entwickelnde Objekt oder Produkt zuerst als System begriffen werden. Dies kann ein modernes Analyseinstrument wie das MRI oder der Bau eines Flugzeugs sein; bei beiden handelt es sich um ein System. Aber auch beim Aufbau einer Messanordnung, ja sogar beim Entwickeln von Theorien ist die Systembetrachtung wichtig. Ein System besteht aus Elementen, zwischen denen Beziehungen vorliegen, wobei Eigenschaften hervortreten, die nur dem System als Ganzes und nicht seinen einzelnen Teilen zukommen.

Das Systems Engineering selbst ist eine Vorgehensmethode, damit man insbesondere bei komplexen technischen Systemen ein Produkt mit den gewünschten Eigenschaften bauen kann. Man muss das System, seine Elemente und deren Beziehungen erfassen, und auch das zeitliche Verhalten muss miteinbezogen werden. Dabei ist einerseits das technische Pflichtenheft zu entwickeln, andererseits ist zu berücksichtigen, wer alles durch das neue Produkt betroffen sein wird. Das sind einerseits die Entwickler des Produkts, andererseits auch die Nutzer, ja sogar die ganze Umwelt, in der das neue System seine Wirkung entfalten wird.

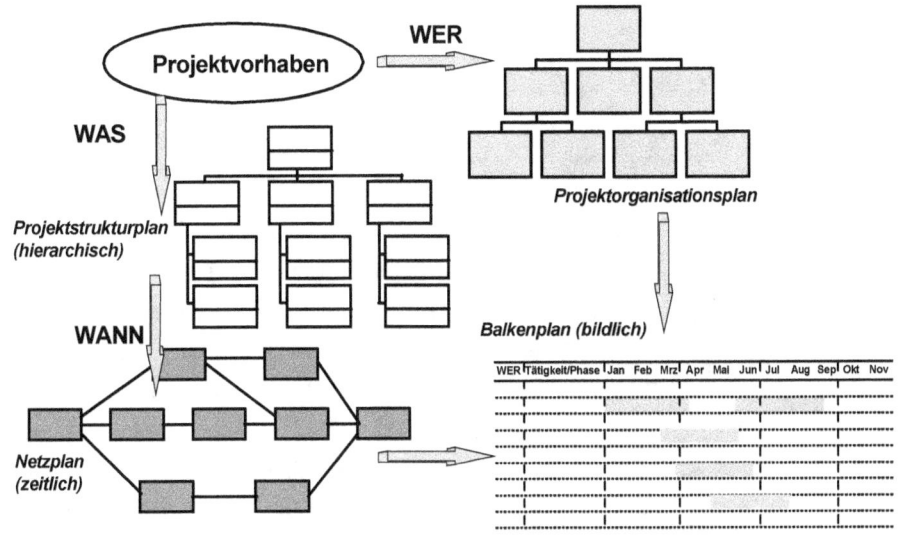

Abb. 12: Denkzeuge im Projektmanagement

Planungs- und Kontrollinstrumente
Oft wird Projektmanagement mit dem Beherrschen der Planungs- und Kontrollinstrumente gleichgesetzt, wobei moderne Computerprogramme eine grosse Hilfe sind. Diese Methodenkompetenz ist zwar für erfolgreiche Projektarbeit notwendig, aber nicht hinreichend. Es braucht auch Fach- und Sozialkompetenz. Ausgangspunkt bei der Projektplanung sind klar definierte Ziele (Termin-, Kosten- und Sachziele). Dann muss man wissen, wer wann und für welche Arbeit zum Einsatz kommt. Damit ergibt sich ein logisches Vorgehen zur Entwicklung des Projektplans. An den Meilensteinen, die eine Phase der Projektarbeit abschliessen, sollte man ein Projektcontrolling durchführen. Nebst der klaren Analyse der Ursachen für Termin- oder Kostenüberschreitung ist es ebenso wichtig, einen Blick in die

Zukunft zu tun. Zwei Fragen haben eine besondere Bedeutung: ‚Time to Complete?' und ‚Cost to Complete?'.

Wissenschaftliche Resultate
Man könnte nun einwenden, dass Projektmanagement zwar für die Arbeit in der Industrie wichtig sei, in der Wissenschaft aber nichts zu suchen hätten. Im Labor brauche es geschickte Experimentatoren und Laboranten, welche die Versuchsaufbauten durchführen. Dies war bei den ersten Streuexperimenten auch so, als Geiger und Marsden 1909 Goldfolien mit Alpha-Teilchen beschossen und Ernst Rutherford aus den Resultaten die Schlussfolgerung zog, dass einen kleinen, positiv geladenen Atomkern geben müsse. Um die Struktur der Elementarteilchen genauer zu erforschen, benötigt man aber Beschussteilchen mit immer höheren Energien und man begann mit dem Bau von Beschleunigern. Spätestens seit 1984, als Rubbia und van der Meer den Physiknobelpreis für den Bau des LEP-Beschleunigers[3] im CERN erhalten haben, weiss man, dass die Entdeckung und Erforschung von Elementarteilchen ohne vorherige professionelle Projektarbeit nicht mehr möglich ist.

Das neueste Grossprojekt am CERN ist der Bau des Large Hadron Colliders (LHC). Eines der Experimente soll die Frage klären, ob die sogenannten Higgs-Teilchen existieren oder nicht. Diese Higgs-Bosonen[4] sollten nach der Theorie im Universum fortwährend neu erzeugt werden und nur eine kurze Lebensdauer haben. Lagern sie sich an andere Teilchen an, dann erhalten diese Teilchen eine Masse (zum Beispiel Elektronen, Protonen). An andere können sie sich aber nicht anlagern und diese bleiben masselos (Beispiel: Photonen, Gluonen). Die Higgs-Teilchen könnten vielleicht auch zur Erklärung der Dunklen Materie im Weltraum beitragen, die nach neuesten Schätzungen mindestens viermal grösser ist als die uns bekannte gewöhnliche Materie. Dies lässt vermuten, dass das Standardmodell noch nicht vollständig ist und dass es noch Einiges zu erforschen gibt.

Andere technische Grossprojekte findet man in der Raumfahrt. Nur schon für die Positionierung eines Satelliten in der Umlaufbahn braucht es eine minutiöse Projektplanung. Aber auch der Bau und das Betreiben des Hubble-Teleskops ist das Resultat hervorragender Projektarbeit.

6.3 Projektfinanzierung

Grossprojekte
Ebenso wichtig wie das Know-how bezüglich Projektabwicklung und Systems Enginnering ist die Fähigkeit, Geld für die geplanten Projekte aufzutreiben. Bei Grossprojekten sind es oft die Staaten, welche die Projekte finanzieren müssen. Am einfachsten geht das bei Projekten, die auch eine militärische Bedeutung haben. Dies gilt auch für die Raumfahrt und für alle Projekte, die dem Wettrüsten während des kalten Krieges dienten. Die bekanntesten sind die von Präsident Reagan unter dem Namen ‚Star wars' begonnen Projekte, welche zwar die vordergründig sachlichen Ziele nie erreicht haben, dafür aber politisch sehr erfolgreich waren. Sie haben mit dazu beigetragen, dass die Sowjetunion nicht mithalten konnte und auseinandergebrochen ist.

Institutsprojekte
Eine Institutsleiterin, ein Institutsleiter an der Universität oder an einer Hochschule muss zunächst mit einem festen Budget aus-

kommen. Darin sind alle Ausgaben sowohl für das laufende Jahr als auch für die zu tätigenden Investitionen enthalten. Damit verbunden ist die Anzahl der Mitarbeitenden, die angestellt und bezahlt werden können. Ist dieses vorgegebene Budget nach Einschätzung des Chefs zu klein, dann muss sie oder er versuchen, zusätzliche Kredite aus nationalen oder internationalen Fonds[5] zu erhalten. Es müssen dann interessante Projektvorschläge an eine Jury eingereicht werden, wobei die Chancen dann gross sind, wenn das Projekt einem Modethema wie zum Beispiel der Nanotechnologie zugeordnet werden kann. Auch kann man versuchen, zusammen mit der Industrie ein Projekt zu finanzieren. Allerdings ergibt sich da ein Dilemma: Die Industrie möchte die Resultate des Projekts geheim halten und sie kommerziell auswerten – das wissenschaftliche Institut möchte aber vor allem Forschungsresultate publizieren können. Forscher leben von Publikationen; und diese sind für die weitere berufliche Karriere äusserst wichtig. Meist arbeitet man dann an einem Thema, das zwar für die Industrie interessant, aber nicht vital ist. Das wichtigste Motiv für den Industriepartner ist der Kontakt zu jungen, talentierten Forschern, die später in diesem Unternehmen arbeiten können.

Start-ups und Ventures

Mit der Verbreitung des Internets hat sich ein grosser Markt für junge Unternehmen aufgetan, die ihr Glück machen wollen. An grossen Vorbildern fehlt es nicht: Steven Jobs von Apple oder Bill Gates von Microsoft sind nur die bekanntesten Beispiele, wie junge, talentierte Ingenieure zu riesigen Vermögen kamen. Allerdings haben und hatten die innovativen Jungunternehmen meist nicht genügend eigenes Geld, mit welchem sie ein Unternehmen aufbauen und ihre ehrgeizigen Projekte finanzieren konnten.

Dies ist nicht nur bei Internet- und Software-Projekten so. Auch Ideen auf dem Gebiet der Biomedizin oder des Life Science Research kämpfen mit Geldproblemen. Wenn sich die Jungunternehmer mit einem grösseren Industrieunternehmen zusammentun wollen, dann hat das Projekt nur dann Erfolgschancen, wenn ihm deren Geschäftsleitung den Rang eines ‚strategischen Projekts' zubilligt und es entsprechend unterstützt. Meist wird das Vorhaben aber an die Entwicklungsabteilung delegiert, wo sich ein anderer junger Ingenieur oder Physiker der Sache annehmen soll, wobei das Projekt nur wenig kosten darf. Hier tut sich ein neues, sehr menschliches Problem auf: Wenn das Projekt erfolgreich durchgezogen wird, dann wird der innovative Erfinder reich, der in der Industrie Arbeitende muss sich aber mit seinem Gehalt zufrieden geben. Die Versuchung ist deshalb gross, Weiterentwicklungen als alleiniges Know-how der Entwicklungsabteilung auszugeben, wobei Konflikte und Streit vorprogrammiert sind. Zusammenarbeitsprojekte mit Hochschulen und Universitäten sind auch sehr schwierig, da die Partner naturgemäss unterschiedliche Interessen haben.

Den Jungunternehmer bleibt meist nichts anderes übrig, als sich auf die Suche nach Venturekapital zu machen. Dies kann eine neue, lukrativ erscheinende Möglichkeit für risikobereite Investoren sein, die den Pionieren Kapital zur Verfügung stellen. Diese Geldgeber hoffen, bei einem späteren Börsengang eines erfolgreichen Unternehmens ein Vielfaches ihres Einsatzes zurück zu bekommen, sodass sie auch einige Rückschläge und Flops bei anderen Investitionen zu tragen vermögen. Um aber an solches Geld zu kommen, müssen die Jungunternehmen Managementkenntnisse mitbringen. Ein professioneller Businessplan ist dabei ein wesentliches Beurteilungskriterium für die Investoren. Und oft fehlt es den innovativen Jungunternehmen an diesen Fähigkeiten. Professionelle Venturekapitalfirmen werden versuchen, dieses Manko durch entsprechende Unterstützung zu kompensieren, verlangen aber dafür einen Anteil an den künftigen Gewinnen.

Die Crux des von den Start-ups zu erarbeitenden Businessplans liegt darin, dass mit dem Plan die meist unrealistischen Erwartungen der potenziellen Investoren erfüllt werden müssen. - Eine dieser Erwartungen besagt, dass das Unternehmen nach fünf Jahren in der Gewinnzone sein müsse und dass dann schon ein erheblicher Mittelrückfluss einsetzten soll. Kommt man bei einem hochtechnischen Produkt diesen Vorstellungen nach, dann entstehen völlig unrealistisch Szenarien[6]. Gerade der Internetboom hat lange Zeit seltsame Blüten getrieben und zu spekulativ überhöhten Erwartungen geführt, die dann durch einen Börsensturz im Jahre 2000 wieder auf normale Dimensionen zurückgeworfen wurden. Trotzdem sind viele Fortschritte gerade in der pharmazeutischen Forschung durch junge, dynamische in der Biotechnologie tätige Firmen erzielt worden.

6.4 Center of Excellence

Jedes Univeristätsinstitut und jeder Wissenschaftler möchte Spitzenleistungen erbringen. Dies ist die Urmotivation aller Forscher, welche die Welt besser verstehen möchten. Es ist deshalb naheliegend, dass sie in einer Umgebung arbeiten wollen, die ihnen das ermöglicht. Ihr Institut sollte deshalb ein ‚Center of Excellence' sein, und das ist die Managementaufgabe der Institutsleiter. In den 80er Jahren des letzten Jahrhunderts erschien der Bestseller von Peters und Waterman ‚In Search of Excellence'. Für Hightech-Unternehmen und Forschungsinstitute gelten die dort gemachten Aussagen weitgehend auch heute noch. Sie sollen hier in angepasster Form wiedergegeben werden.

Strategie: Jedes Forschungsinstitut steht in Konkurrenz, und es kann auf die Länge nur überleben, wenn es Kernkompetenzen aufbauen und verteidigen kann. Kernkompetenzen entstehen dadurch, dass die Ressourcen (Wissen, Mitarbeiter, Geld, Investitionsgüter, Ort, Name usw.) in der Art gebündelt werden, dass das Forschungszentrum in seiner Art einzigartig auf der Welt wird. Dadurch ist es in der Lage, neue und kreative Lösungen für wissenschaftliche Probleme zu generieren. Eine starke Stütze findet es in den Skills, den Fähigkeiten der Mitarbeiter.

Struktur: Jedes Unternehmen, ob gewinnorientiert oder nicht, braucht eine klare Führung, organisatorische Strukturen und Kompetenzregelungen. Dadurch entstehen Stabilität und Ordnung, und Ordnung ist bekanntlich das halbe Leben.

Systeme und Führungsinstrumente: Wer Geld braucht, der muss auch Rechenschaft ablegen über den Einsatz der Mittel. Es braucht deshalb ein angepasstes Überwachungsinstrument und ein Controlling. Auch andere Führungsinstrumente, wie Zielvereinbarungen, Personalreglemente sind in einem geordneten Betrieb notwendig, wenn auch nicht hinreichend.

Fähigkeiten (Skills): Fähige Leute fallen nicht vom Himmel. Natürlich braucht es Talent und Begabung. Das Unternehmen oder das Institut muss aber Fähigkeiten bewusst fördern und entsprechend investieren. Wissen zerfällt sehr schnell, wenn es nicht immer auf dem neuesten Stand gehalten wird. Hier ergibt sich eine wichtige Managementaufgabe für die Institutsleiter.

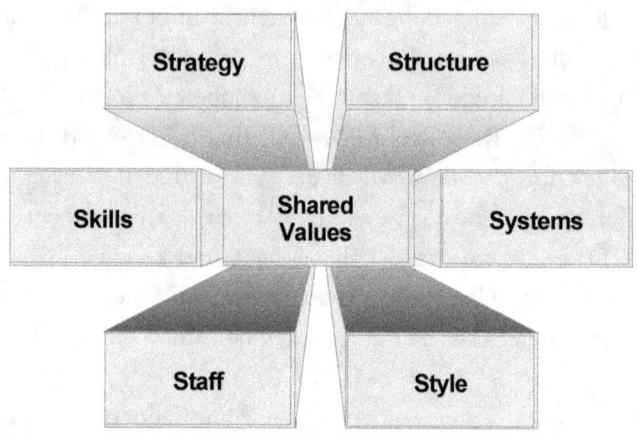

Abb. 13: 7S – Modell nach Peters und Waterman

Personal (Staff): Nicht nur die Wissenschaftler gehören zum Personal. Auch die Erfahrung und das Können von Laborantinnen, Sekretärinnen und Hilfspersonal sind wichtig, um brauchbare Resultate zu erzielen. Qualifikation und Beförderung sind deshalb Chefaufgabe.

Führungsstil (Style): Wie soll man Experten und Spezialisten führen? Rein autoritär geht das wohl nicht. Ganz wichtig sind hier die Führungseigenschaften des Chefs. Er muss spüren, wann er hart und konsequent eingreifen und wann er seinen Mitarbeiterinnen und Mitarbeiter möglichst viel Freiraum gewähren muss.

Kultur (Shared Values): Unter Kultur sind vor allem die Normen und Wertvorstellungen des Chefs und seiner Mitarbeiter zu verstehen, die den Geist beim Arbeiten, in der Zusammenarbeit und in der Kommunikation prägen. Kultur ist etwas Gewachsenes und kann nicht verordnet werden. Sie ist aber weitgehend die Wurzel für den Erfolg.

Wie die Erfahrung zeigt, gibt es kein Patentrezept für richtiges Führen. Führen ist immer ‚Die Kunst der Balance', wobei jedes Vorgehen, jedes Prinzip sich nur dann zu einer konstruktiven Wirkung entfaltet, wenn es sich in ausgehaltener Spannung zu einem Gegenwert oder einer ‚Schwestertugend', wie Schulz von Thun sagt, befindet. Einseitige Betonung nur eines Aspektes führt früher oder später zu unerwünschten und negativen Konsequenzen. Sparsamkeit entartet in Geiz, Grosszügigkeit in Verschwendung. Gesucht ist deshalb die richtige Balance zwischen Sparsamkeit und Grosszügigkeit.

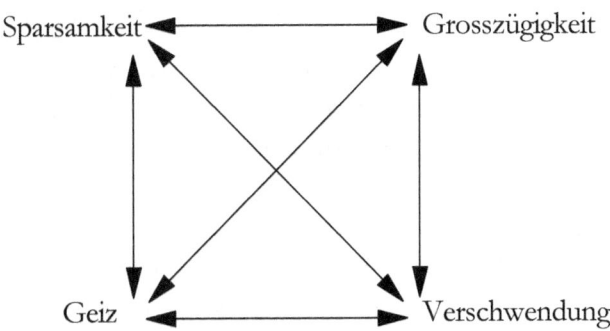

Abb. 14: Die Kunst der Balance

6.5 Management komplexer Systeme

Modellbildung
Schon einige Male wurde in diesem Buch darauf hingewiesen, dass komplexe Systeme in ihrem Verhalten nicht prognostizierbar und damit auch nicht vollständig beherrschbar sind. Ein komplexes System trägt auch chaotische Züge. Aber chaotisches Verhalten allein muss noch nicht komplex sein, auch wenn kleine Änderungen in den Anfangsbedingungen grosse Auswirkungen haben können.[7] Komplex ist ein System, wenn es Eigenschaften hat, die sich nicht allein aus den Eigenschaften der Elemente erklären lassen. Dabei spielen Rückkopplungen und Nichtlinearitäten eine wichtige Rolle.

Nicht nur wirtschaftlich agierende Organisationen, auch Institute oder die Gesellschaft der in einem Arbeitsfeld tätigen Wissenschaftler kann in gleicher Weise modelliert werden, wobei man den Einfluss der verschiedenen Entscheidungsträger herausarbeiten kann. Auch technische Systeme, vor allem wenn sie aus Software und Hardware bestehen, können modellmässig dargestellt werden. Dabei entstehen schnell komplexe Gebilde, die nicht mehr voll beherrschbar sind, und es darf einem nicht wundern, wenn Computersystem von Zeit zu Zeit – trotz aller Raffinesse in den Programmen – Abstürze produzieren.

Netzwerkabhängigkeiten
In unserem täglichen Leben sind wir in vielfältiger Weise vom Funktionieren von Netzwerken abhängig. Ein normaler Haushalt nimmt ganz selbstverständlich den Dienst verschiedener Netze in Anspruch:
  – Stromnetz: Licht, Kochherd, Kühlschrank usw.

- Telefonnetz: Festnetz und Handy, Kommunikation
- Kabelnetz: Fernsehen, Radio
- Internet: Mails, Verkehr mit Banken usw.

Weiter rechnen wir damit, dass folgende Netze problemlos funktionieren:
- Post
- Logistik für die Einkaufsläden, Supermärkte, Apotheken usw.
- Bahn und Öffentlicher Verkehr
- Strassennetz

Netze sind immer verwundbar, obwohl grossflächige Störungen nur selten sind. Bekannt sind die sogenannten ‚Blackouts', die Stromnetze lahmgelegt und viele unangenehme Konsequenzen mit sich gebracht haben. Vom Sicherheitsstandpunkt aus wäre es gut, wenn all diese Netze unabhängig voneinander funktionieren würden, wenn es also zwischen den Netzen keine Querverbindungen gäbe. Dies ist aber schon heute nicht mehr so. Wenn zum Beispiel das Stromnetz ausfällt, dann funktionieren die modernen schnurlosen Telefonanschlüsse nicht mehr, und auch das Radio und der Fernseher können nicht mehr eingeschaltet werden. Eine Alarmierung der Bevölkerung über mögliche Naturkatastrophen ist dann nicht mehr gewährleistet. Wenigstens das Handy könnte noch funktionieren, wenn die anzupeilenden Antennen mit Notstromaggregaten ausgerüstet wären. Internet und Telefon funktionieren auch nicht unabhängig, solange die Datenströme über die Telefonleitungen transportiert werden müssen.

Die technische Entwicklung führt aber nicht zur Unabhängigkeit, sondern zu immer mehr Verknüpfungen zwischen den Netzen. Die logistischen Aufgaben, der Zahlungsverkehr, die Steuerung von Bahn und das Management der Elektrizitätsverbunde erfolgen immer mehr über das Internet. Und schon bald werden Telefon, Fernsehen und Radio über das Internet abgewickelt werden. Damit wird die Komplexität dieses Mediums ständig erhöht und man muss sich fragen, ob es nicht eines Tages chaotisches Verhalten zeigen wird, wobei es dann über weite Strecken zeitweise nicht mehr zur Verfügung stünde. Ein solches Szenario müsste eigentlich der Stoff eines Grusel- oder eines Science Fiction-Films sein, da dann gar nichts mehr funktionieren würde.

Herausforderungen für die Managementausbildung
Der noch junge Wissenszweig, welcher sich mit komplexen Systemen und Nichtliearitäten befasst, hat schon viel zum Verständnis der Vorgänge und der möglichen Auswirkungen in vernetzten Systemen beigetragen. Dabei müssen zwar Analogieschlüsse von Computermodellen auf die Wirklichkeit gezogen werden, aber die durchgeführten Simulationen können neue Möglichkeiten aufzeigen und vor drohenden Gefahren und Katastrophen warnen.

Um diese sich neu stellenden Probleme bewältigen zu können, sollte die zukünftige Managementausbildung auf drei Pfeiler beruhen:
- Betriebswirtschaftliche Kenntnisse, wobei zur Fachkompetenz auch die Methodenkompetenz gehört.

- Psychologische und gruppendynamische Kenntnisse, wobei vor allem das kommunikative Verhalten zu schulen ist.
- Systemkenntnisse mit dem Verständnis der Lenkbarkeit komplexer Systeme.

Auch wenn man heute gerne von ‚vernetzt' und ‚komplex' spricht, ist und bleibt es eine der wichtigsten Aufgaben im Management, die Komplexität im Unternehmen zu verringern. Rationalisierungsvorhaben haben meistens die Tendenz, die Komplexität zu erhöhen. Oft ist es aber besser, wenn man versucht, das Gesamtsystem in Teilsysteme zu zerlegen, die möglichst autonom funktionieren können. In Unternehmen ist es daher sinnvoll, Profitcenter zu bilden, die selbständig handeln können, obwohl dabei höhere Investitionen in Maschinen und Gebäude nötig sind. Nur dann ist es möglich, Verantwortlichkeiten zuzuordnen und ein funktionierendes Controlling aufzuziehen. Etwas plakativ kann man sagen, dass so viel wie möglich einer linearen Logik zu unterstellen ist[10].

Ein zweiter Ratschlag ist der, dass Eingriffe und Interventionen angemessen erfolgen sollen. Leider ist bei vielen Managern immer noch die Überzeugung vorhanden, dass jedes Problem eine klare Ursache hat und dass es starke Massnahmen braucht, um die gewünschten Effekte zu erzielen. Die meisten dieser Interventionen kranken daran, dass sie nur einen Aspekt radikal verbessern wollen. Die Absicht ist zwar positiv, in ihrer Übertreibung kann sie aber zu Misserfolg und Enttäuschung führen. Dabei ist zu bedenken, dass zu jedem positiven Ansatz oder Wert mindestens ein zweiter, ebenso wichtiger Ansatz oder Wert existiert, der zu berücksichtigen ist. Es braucht die richtige Balance[11] zwischen diesen Polen, damit man auch in schwierigen

Situationen und Krisen rasch und ausgewogen entscheiden und handeln kann.

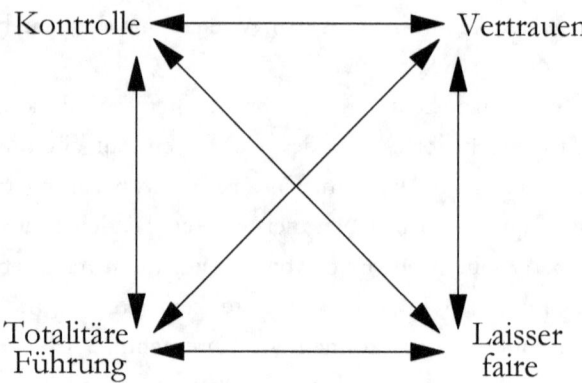

Abb. 15: Wertequadrat zur Führung

Anmerkungen

1 In den USA sind die General Accepted Accounting Principles (GAAP) massgebend. In der EU gelten die International Financial and Reporting Standards (IFRS).

2 Vgl. O. Sager: ‚Die Kunst der Balance'

3 Large Electron Proton Collider

4 Benannt nach dem schottischen Physiker Peter Higgs, der die dazugehörigen theoretischen Hypothesen aufstellte.

5 In der Schweiz zum Beispiel der Nationalfond.

6 Solche Erwartungen sind zum Beispiel, dass in dieser kurzen Zeitspanne ein professionelles High-Tech-System ohne Kinderkrankheiten weltweit mit einem noch aufzubauenden Verkaufskanal vertrieben werden könne. Die Erfahrung zeigt, dass dieser Kanal schon existieren muss, sonst ist die Sache hoffnungslos. Zudem sind die benötigten Gelder für die Ent-

wicklung eines qualitativ hochstehenden Gerätes um ein Vielfaches höher, als die Summen, die Venturekapitalisten einem Risikoprojekt zur Verfügung stellen wollen. Es ist ein Glücksfall, wenn der innovative Erfinder seine Ideen als Lizenzgeber dem richtigen Partner übergeben kann. Viele gute Ideen bleiben aber auf der Strecke.

7   Das bekannteste Beispiel ist der Flügelschlag eines Schmetterlings, der einen Tornado auslösen kann.

8   Gemeint ist das Betriebswirtschaftliche Institut der Universität St. Gallen (HSG).

9   In der gängigen Managementlehre wird betont, dass man nur messbare, quantitative Ziele setzen soll, die man auch kontrollieren kann.

10 Was für Unternehmen gilt, gilt auch für Forschungsinstitute. Gerade hier hat man es mit vielen Individualisten zu tun, die ihre Freiräume brauchen. Auch wenn Teamarbeit nötig ist, sollten die Teams selbst relativ autonom funktionieren können.

11 Der Autor hat in seinem Buch ‚Die Kunst der Balance' diese Zusammenhänge ausführlich beschrieben und an Beispielen aus der Managementtheorie erläutert.

7

Wissenschaftlicher Fortschritt und Grenzen

7.1 Grenzen erweitern – Grenzen respektieren

Die Geschichte der Wissenschaft zeigt immer wieder auf, wie Grenzen verschoben wurden. Das biblische Bild der Schöpfung, welches lange als Massstab für alles Wissen galt, wurde dabei immer mehr relativiert und zurückgedrängt. In der kopernikanischen Revolution wurde die Erde vom Zentrum der Welt an den Rand gerückt. Die Evolutionslehre widersprach der einmaligen Schöpfung von unveränderlichen Wesen wie Mensch und Tier, womit auch Platons Ideenlehre ins Wanken geriet. Als dann gar gezeigt werden konnte, dass aus anorganischen Materialien in einer Art ‚Ursuppe' durch Zuführen von Energie organischen Verbindungen hervorgingen, da war die Entstehung des Lebens – Millionen von Jahren nach dem Urknall – nicht mehr zwangsläufig ein zweiter Schöpfungsakt Gottes. Molekularbiologie, Gentechnik und Klonen haben weiter dazu beigetragen, dass die Grenzen des Wissens immer wieder neu gezogen werden mussten. Gleichzeitig wurden ethische Grenzen erreicht, die es zu respektieren gilt.

Nicht nur der wissenschaftliche Fortschritt ist an Grenzen gestossen. Auch die technisierte Welt, die ständiges Wirtschaftswachstum fordert, stösst durch den dadurch verursachten Klimawandel an Grenzen. Obwohl der Bestseller der 70er Jahre

‚Die Grenzen des Wachstums' in vielen Aspekten überholt ist, so stimmen seine Kernaussagen immer noch.

Grenzen des Wissens
Die wissenschaftlichen Erkenntnisse im 20. Jahrhundert haben zu Grenzen des Wissens geführt, die grundsätzlich nicht überschritten werden können. Als Erstes ist hier die Quantenmechanik zu nennen, die in Form der Heisenbergschen Unbestimmtheitsrelation ein gleichzeitiges Wissen über verschiedene physikalische Grössen wie Ort und Impuls ausschliesst. Die Unbestimmtheit ist nicht so sehr durch die physikalische Messtechnik gegeben, sondern sie liegt in der Natur, wobei man mit dem ‚gesunden Menschenverstand' an Grenzen stösst. Dasselbe gilt für die Verschränkung und die Nichtlokalität, die in der Quantenmechanik auch von grosser Bedeutung sind.

Vielleicht noch fundamentaler als die Heisenbergsche Relation ist der Gödelsche Unvollständigkeitssatz, da er das ganze menschliche Denken und Erkennen betrifft. Zuerst ist er ein mathematisch-logischer Satz, nach dem es in einem axiomatischen System immer Behauptungen und Aussagen gibt, von denen man nicht weiss, ob sie richtig oder falsch sind. Mit diesem Satz gleichwertig ist die Feststellung, dass es Probleme gibt, die mit einem Algorithmus nicht berechenbar sind (Turing-Maschine). Im Weiteren hat T.S. Kuhn gezeigt, dass alles Denken, alle Wissenschaft, einem Paradigma verhaftet ist, wobei das Paradigma nichts anderes als ein Satz von Annahmen (Axiome) darstellt. In jeder Wissenschaft wird man daher zwangsläufig auf Fragen stossen, die nicht beantwortet werden können. Unser Wissen kann deshalb nur vorläufigen Charakter haben.

Lange glaubte man, dass durch technische Fortschritte letztlich alles in Griff zu bekommen sei und alle Risiken beherrschbar wären. Diese Illusion ist durch die Systemtheorie gründlich zerstört worden. Komplexe Systeme sind nicht vollständig beherrschbar und ihr Verhalten kann nicht mit Sicherheit prognostiziert werden. Schon wenige Rückkopplungen genügen, sodass das System instabil oder chaotisch werden kann. Leider wollen viele Leute, insbesondere Wirtschaftsführer und Politiker, dies nicht zur Kenntnis nehmen, was zum sorglosen Umgang mit der Technik (z. B. Kernkraftwerke) verführt. Es gibt Grenzen, die respektiert werden müssten.

Was ist ein Beweis?
Hat Galilei mit der Entdeckung der Jupitermonde bewiesen, dass sich die Erde um die Sonne dreht und um ihre eigene Achse rotiert? – Um diese Frage ging es 1633 beim berühmten Prozess. Im strengen Wortsinn ist Galileis Entdeckung kein Beweis für eine Theorie. Es ist eine Beobachtung, die nachher von unabhängigen Experten oder Zeugen überprüft werden konnte. Es gab aber auch andere Zeugen, die mit gleichem Recht behaupten konnten, sie hätten beobachtet, wie die Sonne auf- und untergegangen sei. Immerhin sind Beobachtungen von immer wiederkehrenden Erscheinungen schon wesentlich zuverlässiger als etwa Zeugenaussagen vor Gericht, die sich auf ein einmaliges Ereignis beziehen. Zeugen können sich irren oder von einer vorgefassten Meinung ausgehen. Streng genommen war das auch so zwischen den Anhängern des kopernikanischen und des ptolemäischen Systems. Damals bemerkte Papst Urban VIII zu Recht, dass es echte Beweise nur in der Mathematik gibt. Dies gilt auch heute noch für alle kosmologischen Theorien, auch für

Einsteins Allgemeine Relativitätstheorie (AR). Bis heute gibt es kein Experiment, mit dem die AR im Labor überprüft werden konnte. Alle bisher im Kosmos beobachteten Phänomene – zum Beispiel die Lichtablenkung am Sonnenrand – zeigen keinen Widerspruch zur AR, während sie mit der Newtonschen Theorie nicht erklärt werden können. Die Hypothesen Einsteins haben deshalb einen hohen Wert an Plausibilität. Einstein selbst bemerkte dazu[1]: *„Die hauptsächliche Bedeutung der Allgemeinen Relativitätstheorie finde ich beim besten Willen nicht in der Tatsache, dass sie einige sehr kleine beobachtbare Effekte vorausgesagt hat, sondern in der Einfachheit ihrer Grundlagen und ihrer logischen Konsistenz."* Und auf die Frage, was er getan hätte, wenn seine Voraussagen nicht durch die Beobachtung bestätigt worden wären, soll er gesagt haben: *„Da hätte es mir leid getan für den lieben Gott – die Theorie ist korrekt!"* – In diesem Sinne ist auch der Urknall nur eine Hypothese, die der Allgemeinen Relativitätstheorie nicht widerspricht und für die es viele plausible Zusatzargumente, aber auch Gegenargumente gibt[2]. Aber der Urknall kann nun mal nicht durch ein Experiment verifiziert werden.

Die zentrale Bedeutung der Messapparaturen

In der nachfolgenden Skizze zentral ist die ‚Technik-Welt' mit den Messapparaturen. Mit ihnen können wir Erkenntnisse aus den anderen Welten gewinnen. Dies ist das Thema dieses Buches: 'Wissenschaftlicher Fortschritt aufgrund handwerklicher und technischer Entwicklungen'.

Im Folgenden sollen die Rollen der Messapparaturen in den verschiedenen Welten erläutert werden.

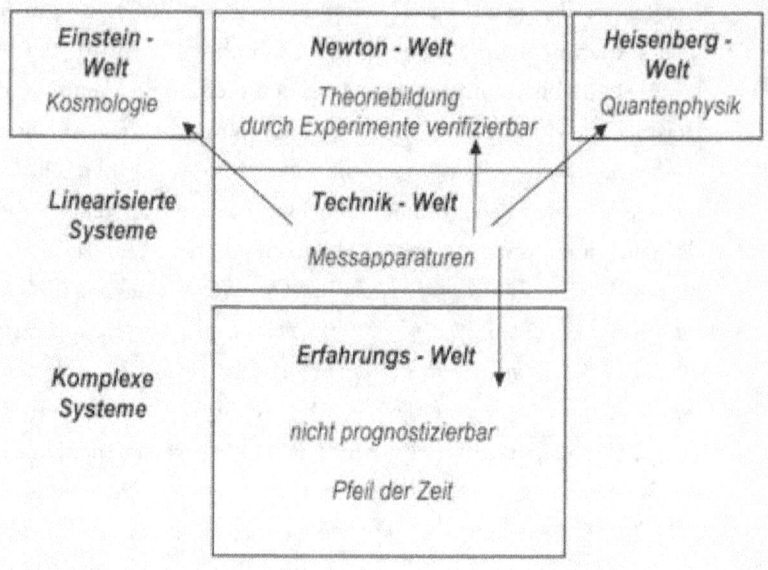

Abb. 16: Die zentrale Bedeutung der Messapparatur

1) Newton-Welt
Der Begriff ‚Newton-Welt' soll hier für jene Gebiete der Physik und der Technik gelten, bei denen theoretische Aussagen durch Experimente überprüft werden können, wobei objektive Messungen möglich sind. Hier kann und darf man zwischen Subjekt und Objekt unterscheiden und die Eigenschaften der Messapparatur gehen nicht in die Messung ein. Die Newton- Welt basiert auf der Welt der Technik, und die Welt der Technik geht von den physikalischen Gesetzen der Newton-Welt aus und baut mit diesen Erkenntnissen Messgeräte und Apparaturen, die einerseits für Experimente, andererseits aber auch für viele Gebrauchsgegenstände der Erfahrungs- oder Alltagswelt Anwendung finden. Zur Newton-Welt gehören auch Halbleiter und Computer,

obwohl man zum Beispiel zur Erklärung des Bändermodells die bildhafte Quantenphysik benötigt. Wie steht es aber mit der Speziellen Relativitätstheorie? Gibt es für ihre Richtigkeit Beweise? – Sicher kann man sagen, dass die Spezielle Relativitätstheorie durch viele Experimente verifiziert werden konnte. Auch beim Bau der grossen Beschleuniger im CERN musste sie beachtet werden. So gesehen gehört die Spezielle Relativitätstheorie zur Newton-Welt, auch wenn sie von Einstein stammt.

Die theoretische Physik der Newton-Welt umfasst die Elektrodynamik, die Thermodynamik und die klassische Mechanik, in der das Coulombsche Gesetz und das Newtonsche Gravitationsgesetz gelten. Es gilt das Relativitätsprinzip bezüglich bewegter Systeme – Lorentz- und im Grenzfall Galileitransformation – und die zur Festkörperphysik gehörenden theoretischen Ansätze.

Die Theorien (Maxwell-Gleichungen, Newtonsche Axiome) sind in der Sprache der Mathematik formuliert und axiomatisch aufgebaut. Bei gezielt durchgeführten Experimenten versuchen die Physiker, die durch die Theorie vorausgesagten Verhaltensweisen der Natur durch Messungen zu bestätigen oder allenfalls zu widerlegen. Solche Messungen sollten nun objektive Beweise liefern. Die Sache hat aber insofern einen Haken, als man bei Messungen immer Vergleiche durchführen muss, wobei man andere physikalische Erscheinungen als bewiesen oder richtig annehmen muss. Es braucht somit den Glauben an die Richtigkeit der übrigen Physik. Dies soll an zwei Beispielen erläutert werden. Will man die Temperatur eines Gegenstandes messen, sei er fest, flüssig oder gasförmig, so benutzt man dazu ein Quecksilberthermometer. *„Die Aussage, dass die Temperatur in dem Raum, in dem wir uns befinden, 22 Grad Celsius beträgt, ist genaugenommen die Aussage,* *dass die Quecksilbersäule die und die Länge hat. Hier wird also die Grösse der Temperatur durch eine Länge gemessen, und das ist gewiss etwas anderes, aber mit der Zeit gewöhnt man sich an diese Verschiedenheit und übersieht sie einfach"*, sagt Scheibe. Wenn nun eine echte Revolution, ein Paradigmawechsel nach T.S. Kuhn stattfindet, dann verlieren die Messungen und ihre Aussagen ihren Wert, da diese Daten unter Annahmen, die nicht mehr stimmen, gewonnen wurden. Also stimmt der gefundene experimentelle Beweis nur bedingt. Zur Beruhigung kann man sagen, dass die klassische Physik sehr stabil und robust ist, und dass die sogenannten Erschütterungen des physikalischen Weltbilds in der Einstein- und der Heisenberg-Welt stattfanden.

2) Experimente in der Heisenberg-Welt

Heisenberg ist nicht nur wegen seiner Unbestimmtheitsrelation und seinen weiteren Beiträge zur Quantenphysik berühmt. Er hat nicht nur Diskussionen und Publikationen mit und für andere theoretischen Physiker geführt; er hat speziell in seinen Erinnerungen die neuen Erkenntnisse auch einem breiteren Publikum erläutert und verständlich gemacht[3]. In der Heisenberg-Welt ist die strenge Trennung zwischen dem zu untersuchenden Objekt und dem die Untersuchung durchführenden Subjekt nicht mehr möglich. Dies zeigt das Doppelspaltexperiment sehr schön. Je nach Aufbau der Apparatur erhält man ein anderes Ergebnis. Hier drei Aussagen, die von Heisenberg stammen:

- *„Wir müssen uns daran erinnern, dass das, was wir beobachten, nicht die Natur selbst ist, sondern Natur, die unserer Art der Fragestellung ausgesetzt ist."*
- *„Die theoretische Deutung eines Experiments erfordert drei deutlich unterschiedliche Schritte. Im ersten wird die experimentelle Ausgangssituation in eine Wahrscheinlichkeitsfunktion übersetzt.*

Im zweiten wird diese Funktion rechnerisch im Lauf der Zeit verfolgt. Im dritten wird eine neue Messung am System vorgenommen, deren zu erwartendes Ergebnis dann aus der Wahrscheinlichkeitsfunktion berechnet werden kann. .... Es ist unmöglich anzugeben, was mit dem System zwischen der Anfangsbeobachtung und der nächsten Messung geschieht. Nur im dritten Schritt kann wieder der Schritt vom Möglichen zum Faktischen vollzogen werden."

- *„Das beobachtende System muss keineswegs ein menschlicher Beobachter sein; an seine Stelle können auch Apparate wie fotografische Platten usw. gesetzt werden."*

Dazu noch eine Ergänzung von Pauli:

- *„Hat der physikalische Beobachter einmal seine Versuchsanordnung gewählt, so hat er keinen Einfluss mehr auf das Resultat der Messung, das objektiv registriert allgemein zugänglich vorliegt. Subjektive Eigenschaften des Beobachters oder sein psychischer Zustand gehen in die Naturgesetze der Quantenmechanik ebenso wenig ein wie in die klassische Physik."*

Die Apparatur oder Messeinrichtung selbst ist immer ein Teil der Newton - Welt. Die Apparatur verwandelt ein Quantensignal in ein klassisches Signal, das als Spur eines Teilchens in der Nebelkammer nachgewiesen oder mit Zählern oder mit dem Computer registriert werden kann; das zur Heisenberg - Welt gehörende Teilchen können wir nicht direkt sehen! Wenn ein Ereignis aus der Quantenwelt in einem Geigerzähler einen Stromimpuls auslöst, so kann dieser durch Verstärkung zu einem Klicken in einem Lautsprecher führen, das dann alle in einem Raum befindlichen Leute hören können. Wir befinden uns dann nicht nur in der Newton - sondern auch in der Erfahrungs - Welt[4].

Hier sei noch als Beispiel der radioaktive Zerfall aufgeführt. In der Archäologie wird oft die ^{14}C-Methode zur Bestimmung des Alters von Knochenfunden angewendet. Durch kosmische Strahlung wird in der Erdatmosphäre aus dem Stickstoff der Luft (^{14}N) radioaktiver Kohlenstoff (^{14}C) gebildet. Solange ein Lebewesen lebt, isst und atmet, gelangt dieses ^{14}C in unschädlichen Mengen in den Körper, wo es in die Knochen und ins Gewebe eingelagert wird. Mit dem Tod endet dieser Einbau. Von diesem Moment an nimmt der Anteil des radioaktiven ^{14}C nur noch ab, weil es unter Aussendung von Betastrahlen wieder in ^{14}N zerfällt. ^{14}C hat eine Halbwertszeit von 5'730 Jahren. Durch die Messung des Verhältnisses von ^{14}C zu ^{12}C mit dem Massenspektrometer kann so das Alter eines Knochenfundes bestimmt werden. Der Anteil des ^{14}C nimmt über die Zeit gemäss dem Gesetz für den radioaktiven Zerfall[5] kontinuierlich ab, egal, ob am Schluss eine Messung vorgenommen wird oder nicht. Die Natur hat in Form der Umgebung eine ‚experimentelle' Anordnung aufgebaut, die gerade so gut funktioniert wie die oben erwähnte, von Menschenhand angebrachte Platte. Dabei ist zu beachten, dass sowohl das empirische Gesetz für den radioaktiven Zerfall als auch die Altersbestimmung durch das Massenspektrometer zur Newton-Welt gehört. Welche ^{14}C-Atome jedoch im Knochen zerfallen und welche noch nicht, das kann man nicht sagen. Atome sind keine individuellen Kügelchen. Die ^{14}C-Atome bilden einen Verband in der Heisenberg-Welt, für die es gemäss dem Superpositionsprinzip der Quantenphysik eine gemeinsame Wellenfunktion gilt.

Einstein selbst, der zwar wichtige Beiträge zur Quantenphysik geleistet hat, konnte sich mit den Konsequenzen der Quantenmechanik nie anfreunden[6], da sie seinen Grundüberzeugungen –

man könnte auch sagen, seiner Weltanschauung – widersprachen. Für seine Allgemeine Relativitätstheorie suchte er nicht nach Experimenten, die diese bestätigen könnten, ja sogar die Beobachtungen im Weltall waren ihm nicht so wichtig. Hingegen konstruierte er immer wieder Gedankenexperimente, mit denen er die Schlussfolgerungen widerlegen wollte, welche die Kopenhagener Deutung durch Bohr, Heisenberg und Pauli erhalten hatte. Die durchgeführten Experimente selbst haben ihm aber nie Recht gegeben.

3) Einstein-Welt
Die Allgemeine Relativitätstheorie befasst sich mit den kosmologischen Vorgängen. Wie vorher gesagt wurde, können in der Einstein - Welt praktisch keine Experimente gezielt durchgeführt werden. Die Messapparaturen sind hier Beobachtungsinstrumente. Bekannt sind die Teleskope, mit denen ein Blick in die Vergangenheit des Universums möglich ist. Aus den gemachten Beobachtungen kann man überprüfen, ob die gemessenen Werte der Allgemeinen Relativitätstheorie widersprechen oder nicht.

4) Erfahrungs-Welt
In der Erfahrungs - Welt haben die Messapparaturen nochmals eine andere Aufgabe. Mit ihnen misst man einen Ist-Zustand, zum Beispiel die Temperatur oder den Druck. Aus den dadurch gewonnen Informationen versucht man dann Schlussfolgerungen zu ziehen. In der Medizin helfen die Informationen bei der Diagnose von Krankheiten; in der Meteorologie versucht man, damit die Wetterentwicklung vorauszusagen.

7.2 Gesetzmässigkeiten

Gesetze des Zufalls
Das Denken in Ursache und Wirkung ist für das tägliche Leben unabdingbar. Damit verbunden sind die Schuldfrage und die darauf basierende Rechtsprechung. Unbestritten ist auch, dass es Ursache-Wirkungs-Ketten gibt, für die niemand eine persönliche Verantwortung zu übernehmen hat. ‚Alles, was geschieht, hat seinen hinreichenden Grund', ist eine Überzeugung, die seit Leibniz Axiomstatus hat. Trotzdem gehört auch der Zufall zu den Alltagserscheinungen, sei es bei Glücksspielen oder bei zufälligen Ereignissen. Auch in der Wissenschaft begegnet man dem Zufall. Die offene Frage ist dann, ob immer noch das Prinzip von Ursache und Wirkung gilt, wobei darüber schon viel philosophiert wurde. Hier sollen vier verschiedene Arten von Phänomenen besprochen werden, die man als zufällig bezeichnet:

1) Roulette und Würfel
Glückspiele gibt es, so lange es Menschen gibt. Roulette ist vor allem der Zeitvertreib der Reichen. Trotz der zufälligen Resultate nimmt hier niemand an, dass das Kausalitätsgesetz verletzt ist. Der Würfel ist rein zufällig auf eine bestimmte Zahl gefallen, aber jemand muss den Würfel so geworfen haben, dass aufgrund seiner Beschaffenheit diese Zahl erschien. Man kennt zwar im konkreten Fall die Ursachen nicht, aber letztlich ist der Vorgang genau erklärbar. Die klassische Wahrscheinlichkeitsrechnung hat sich zuerst mit den Glückspielen befasst und dafür Regeln abgeleitet[8]. Sie ist eine Abstraktion von der Wirklichkeit, da man bei den Berechnungen von einem reinen Zufall ausgeht. Dabei nimmt man an, dass die einzelnen Spiele, voneinander unabhän-

gig sind, und dass die Spieler keinen Einfluss auf das Resultat nehmen können. Dann gilt die Aussage, dass die Wahrscheinlichkeit kein Gedächtnis hat.

2) Der technische Zufall
Die Welt der Technik setzt voraus, dass die Naturgesetze aus der Newton - Welt exakt stimmen. Die Kunst der Ingenieure und Techniker besteht nun darin, durch Anwendung dieser Gesetze Apparaturen, Maschinen, Häuser oder Brücken zu bauen. Dazu gehören auch so hochtechnische Geräte wie Flugzeuge oder Computer. Kommt es zu einer Panne und stürzt zum Beispiel ein Flugzeug ab, dann fragt man sich, ob dieser Unfall ein Zufall gewesen sei oder ob es eine eindeutige Ursache für den Absturz gäbe. Jetzt beginnt die kriminalistische Arbeit und man will wissen, ob es ein technisches oder ein menschliches Versagen gewesen sei. Technisches Versagen beruht auf dem Ausfall einer oder mehrere Komponenten, die für das einwandfreie Funktionieren notwendig waren. Meist findet man die exakte Ursache; es kann aber auch sein, dass eine ‚Verknüpfung unglücklicher Umstände' zur Tragödie führte. Dies ist zwar kein echter Zufall, hat aber zufälligen Charakter. Dasselbe gilt für menschliches Versagen. Auch wenn man zufällig jemanden auf der Strasse antrifft, ist dies das Resultat von verschiedenen Umständen, die zu diesem Ereignis beigetragen haben. Solche Verknüpfungen lassen das Kausalitätsprinzip unberührt. Allerdings sollte man beachten, dass komplexe Systeme nicht voll beherrschbar sind und damit den Spielraum für die ‚Verknüpfung unglücklicher Umstände' weit öffnen.

3) Trial and Error
Mit ‚Trial and Error' soll hier der Zufall der Evolution umschrieben werden. Bei der biologischen Reproduktion entstehen immer wieder Veränderungen, wobei in den meisten Fällen Fehler zu Missbildungen führen. Viele behinderte Menschen sind Opfer solcher Fehler und müssen oft ein Leben lang darunter leiden. Würden jedoch keine Fehler oder Veränderungen bei der Reproduktion passieren, dann gäbe es keine Veränderungen oder Entwicklungen bei den Lebewesen. Die Natur macht viele Versuche, die meistens scheitern. Aber von Zeit zu Zeit bringt ein solcher Versuch einen Vorteil, der das Überleben in einer bestimmten Umgebung erleichtert. Diese spezifischen Vorteile sind die Ursache für die Vielfalt der Arten. So gesehen ist die ganze Evolution ein Zufallsprodukt. Diese Erkenntnis ist für viele Menschen schwieriger zu akzeptieren als die Urknall-Hypothese. Gott greift danach nicht mehr in die Geschichte ein und er haucht auch den Menschen keine unsterbliche Seele ein, wie es der christliche Glauben lehrt. Es fehlt auch nicht an Versuchen, um die religiösen Überzeugungen bewahren zu können. Man spricht dann etwa vom ‚Intelligent Design', nachdem die Entwicklung nach einem göttlichen Plan abläuft. Die ‚causa finalis' des Aristoteles bekommt darin eine theologische oder teleologische Bedeutung. Hier ist nicht der richtige Ort, um ein Urteil über diese Ansichten zu fällen. Biologisch gesehen ist das alles Zufall, wobei dieser nach dem Prinzip ‚Versuch und Irrtum' abläuft.

4) Akausale Quantenwelt
Das Kausalitätsprinzip, das unser rationales Denken beherrscht, hat einen schweren Schlag erlitten, da es offenbar in der Heisenberg-Welt nicht mehr gilt. Wie das Doppelspaltexperiment, das

in vielen Variationen wiederholt wurde, zeigt, verlaufen die Vorgänge in der Mikrowelt akausal. Ursache und Wirkung gibt es streng genommen nicht und die von Einstein geforderten verborgenen Variablen konnte man nicht nachweisen; sie existieren nicht. Einstein wollte sich mit dieser Art des Zufalls nicht anfreunden und er behauptete darum: „Gott würfelt nicht". Niels Bohr, der nicht an einen persönlichen Gott glaubte, soll ihm entgegnet haben, wieso er wissen könne, was Gott wirklich tue. Uns bleibt nichts anderes übrig, als die durch Theorie und Experiment bewiesenen Tatsachen zu akzeptieren und zu erkennen, dass wir allein mit unserem Menschenverstand nicht alles verstehen können.

Statistische Aussagen
Mit dem Zufall verwandt ist die Statistik. Auch da gibt es verschiedene Bedeutungen für den Begriff. Zum einen versteht man darunter Datensammlungen zu einem bestimmten Thema. Beispiele sind die Bevölkerungsstatistiken, Preisstatistiken oder Statistiken von Meinungsforschungsinstituten. Zum anderen ist Statistik eine Wissenschaft, die sich mit der Erhebung und Analyse von Daten befasst. Mit deskriptiven Methoden werden die Daten durch Berechnung bestimmter Kennwerte (Mittelwert, Streuung usw.) oder mit Hilfe von grafischen Darstellungen beschrieben. Durch analytische Methoden werden daraus allgemein anerkannte Schlussfolgerungen gezogen.

In der Statistik spielt das Gesetz der grossen Zahlen eine wichtige Rolle. Darauf basiert die statistische Wahrscheinlichkeit. Sie besagt, dass mit grösser werdender Anzahl Versuche der experimentell gefundene Wert für die Häufigkeit eines zufälligen Ereignisses sich einer festen Zahl annähert. Statistische Wahrscheinlichkeiten lassen sich erst im Nachhinein angeben, wenn genügend viele Versuche zu ihrer Ermittlung durchgeführt wurden. Man spricht daher auch von einer ‚Aposteriori' – Wahrscheinlichkeit. - Das Gesetz der grossen Zahlen hat nicht den gleichen Charakter wie zum Beispiel die Newtonschen Gesetze. Man würde es besser als Hauptsatz der Statistik bezeichnen. Es kann wie der zweite Hauptsatz der Thermodynamik – der Entropiesatz – nur empirisch begründet werden.

Eine wichtige Frage der Statistik ist die, ob aus einer Stichprobe auf die Grundgesamtheit geschlossen werden darf. Man kennt dies zum Beispiel aus den Hochrechnungen bei Wahlen. Die Wählerbefragung darf dabei nicht rein zufällig erfolgen; sie muss repräsentativ sein. Dabei treten immer auch Fehler auf oder man muss Fehlergrenzen beachten. Noch wichtiger ist die Überprüfung von Hypothesen. Dabei geht man von zwei oder mehreren Stichproben aus, um zu prüfen, ob dadurch eine Vermutung bestätigt wird oder nicht. Diese Art von Statistik wird sehr häufig in der Medizin angewendet, wenn die Wirksamkeit von Medikamenten überprüft werden soll. Wenn man zum Beispiel zwei Gruppen von Patienten, die erhöhte Blutfettwerte haben, mit unterschiedlichen Medikamenten behandelt, dann kann man nach einer bestimmten Zeit eine Kontrolle der Blutfettwerte vornehmen und überprüfen, welches der Medikamente besser gewirkt hat. Die offene Frage ist dann, ob die unterschiedlichen Messwerte an den beiden Gruppen zufällig seien oder ob sie durch die unterschiedliche Wirkung der Medikamente begründet werden kann; im zweiten Fall wäre der Unterschied ‚signifikant'. Die Grösse der Signifikanz kann aufgrund von mathematischen Modellen angegeben werden. Diese Methoden können zwar als ‚wissenschaftlich' bezeichnet werden, absolute Sicherheit besteht aber nie. Dies zeigt schon der Umstand, dass immer wieder Medikamente vom Markt zurückgerufen werden. Trotzdem tut man im täglichen Leben gut daran, diesen Wissenschaften zu vertrauen und die vom Arzt verordneten Medikamente einzunehmen.

Die Sprache der Mathematik
In der Einstein-, Newton- und Heisenberg-Welt wird die Sprache der Mathematik gesprochen. Auch in der Technik-Welt wird sie eingesetzt. So ist es nicht verwunderlich, dass es zuweilen zu einer babylonischen Sprachverwirrung kommen kann. Die Mathematik ist einerseits eine abstrakte, andererseits eine ‚technische' Disziplin. Abstrakt sind die Axiome und die Gesetze, technisch sind die Anwendung dieser Gesetze und die darauf beruhenden Beweise. Es gibt nicht nur eine Mathematik und eine Geometrie. Es gibt viele abstrakte Räume, die durch unterschiedliche Axiome definiert sind, in denen man mathematische Ableitungen und Schlussfolgerungen durchführen kann. Aus der Geometrie ist bekannt, dass es neben der Euklidischen Geometrie auch die Riemannsche Geometrie gibt, die Einstein für seine Relativitätstheorie einsetzte. Die bekanntesten Gesetze innerhalb eines Axiomensystems sind das assoziative und das kommutative Gesetz[9] und die Form, in welcher sie anzuwenden sind. Wie Feynman bemerkte, sind die mathematischen Schlussfolgerungen richtig oder falsch, ohne dass man ihnen einen physikalischen Sinn zuordnet. Die Grenzen dieser Schlussfolgerungen sind durch den Gödelschen Unvollständigkeitssatz gegeben.

Gänzlich anderer Natur sind physikalische Gesetze. Physikalische Gesetze sind Beziehungen zwischen Messungen, wobei man immer wieder und unabhängig vom Ort das gleiche Ergebnis erhält. Auch physikalische Gesetze weisen einen hohen Abstraktionsgrad auf. Dies liegt einerseits daran, dass man abstrakte Begriffe wie Masse, Energie und Beschleunigung, um nur einige zu nennen, auf real beobachtbare Vorgänge anwendet, andererseits aber auch daran, dass diese Beziehungen zwischen den Messungen in der abstrakten Sprache der Mathematik formuliert werden. Und diese Formulierungen prognostizieren ein deterministisches Verhalten. Dies sei an einem Beispiel erläutert. Im Falle des Newtonschen Bewegungsgesetzes misst man die Beziehung zwischen den drei Grössen Kraft, Masse und Beschleunigung. Die daraus gefundene mathematische Beziehung gestattet nun, die Bewegung eines Körpers (vorausgesetzt es tritt keine Störung ein) exakt vorauszusagen, sodass man keine neue Messung mehr braucht. Dabei weiss man, dass die Newtonschen Gesetze weder auf die Heisenberg- noch auf die Einstein-Welt anwendbar sind. Trotzdem sind sie sehr zuverlässig und damit sehr nützlich[10].

Dieser Aspekt der Nützlichkeit interessiert den Ingenieur und den Techniker. Ingenieure interessieren sich um physikalische Gesetze, damit sie zum Beispiel wissen, welche Kräfte sie aufwenden müssen, damit sie einen Satelliten in die Umlaufbahn schiessen können. Physiker interessieren sich um die Beziehung und die Beobachtung, Techniker um die Beeinflussbarkeit physikalischer Grössen. Für den Ingenieur lautet die Frage: „Wie verändert sich die Beschleunigung, wenn ich die Kraft um einen bestimmten Betrag erhöhe?" Techniker denken kausal: „Bei dieser Ursache erhalte ich die folgende Wirkung!" – Physiker denken akausal, aber deterministisch: Kraft, Beschleunigung und Masse haben den gleichen Stellenwert. Es geht nur um die Beziehung und die Voraussage, was man zu einem späteren Zeitpunkt beobachten wird. Obwohl beide, Physiker und Ingenieure die gleichen Begriffe benutzen, meinen sie im Grunde etwas anderes. Und so kommt es, dass sich die beiden oft nicht richtig verstehen. Wenn Ingenieure Mathematik lernen – und das ist eine sehr anspruchsvolle Aufgabe während des Studiums – so wollen sie nicht primär Mathematik verstehen. Ihnen geht es darum, wie man zum Beispiel eine Gleichung lösen kann, die man beim Bau eines technischen Systems berücksichtigen muss. Physiker studieren Mathematik, damit sie Ansätze zur Formulierung physikalischer Beziehungen finden können.

Nun könnte man eine falsche Schlussfolgerung ziehen: Zuerst kommt die Mathematik mit ihren abstrakten Gesetzen, dann die Anwendung auf die Physik und die Beziehungen zwischen Messgrössen und dann die technischen Anwendungen. Dies widerspricht jedoch den Auffassungen, die in diesem Buch dargelegt wurden. Für wissenschaftlichen Fortschritt braucht es alle drei Disziplinen, die praktische Technik, die exakte Beobachtung und die abstrakte Mathematik. Und oft ist es das Handwerk oder die Technik, die den Anstoss für einen Durchbruch in der Wissenschaft liefert. Galilei war ein exzellenter Beobachter und er beherrschte die Mathematik seiner Zeit. Er hätte aber nie seine Bedeutung erlangt, wenn nicht Lippershey mit seinen geschliffenen Linsen ein Fernrohr konstruiert hätte[11]. Soviel zu den abstrakten Gesetzen, die für die drei Gruppen – Mathematiker, Physiker, Ingenieure – eine unterschiedliche Bedeutung haben.

Gesetze des Chaos oder der Pfeil der Zeit
Die Physik des 20. Jahrhunderts erlebte zwei grosse Durchbrüche: Einsteins Relativitätstheorie und die Quantenphysik, die von Heisenberg und von Schrödinger das mathematische Gewand

erhielt. Beide Theorien sind wie die Newtonsche Mechanik und die Elektrodynamik nach Maxwell deterministisch, das heisst, man kann künftige Entwicklungen voraussagen, wenn man den Istzustand[12] kennt. Dabei kennen die mathematisch formulierten grossen Gesetze der Physik keinen Unterschied zwischen Vergangenheit und Zukunft. Die Zeit kann also vorwärts oder rückwärts laufen.

Die Relativitätstheorie eignet sich sehr gut für die Beschreibung der Vorgänge im Makrokosmos, die Quantentheorie für solche im Mikrokosmos. Was aber gilt für die mittlere Dimension, in der wir leben? - Hier gibt es offensichtlich den Pfeil der Zeit. Geburt und Tod sind Realitäten, die sich nicht leugnen lassen. Auch ist es eine allgemeine Erfahrung, dass sich die Zukunft nicht prognostizieren lässt. Unsere Umwelt (und wir selbst) bestehen aus einer Vielzahl komplexer Systeme, die zu Instabilitäten und zum Chaos führen. Die Physik der Lehrbücher ist eine Physik der Gleichgewichte, auch wenn man zwischen Statik und Dynamik unterscheiden kann. Ebenso sind alle unsere Werkzeuge und technischen Apparate Systeme im Gleichgewicht mit nur geringer Komplexität, sonst wären sie nicht beherrschbar. Nun ist aber die Natur, sei sie belebt oder nicht, nur in den seltensten Fällen im Gleichgewicht. Die Physik beschreibt, wenn man so sagen will, nur Ausnahmesituationen. Wenn wir die beobachtbare Umwelt beschreiben wollen, so brauchen wir eine Physik der Nichtgleichgewichte und der dabei ablaufenden Prozesse. Oft spricht man dann von der Chaos-Theorie, bei welcher der Pfeil der Zeit eine entscheidende Rolle spielt. Dabei findet man bei komplexen Systemen auch gewisse Gesetzmässigkeiten wie zum Beispiel die Selbstähnlichkeit und die Skaleninvarianz. Auf dem Computer kann man viele chaotische Vorgänge simulieren und durch Iteration mögliche Zukunftsszenarien zeigen. Aber selbst eine kleine Änderung in den Anfangsbedingungen kann zu ganz unterschiedlichen Resultaten führen[13]. Nichtgleichgewichtszustände können auch neue Ordnungsstrukturen erzeugen, die aber wieder zerfallen, wenn keine Energie mehr zugeführt wird. Dies sehen wir zum Beispiel an der Form eines Blattes oder an der Organisation von Zellen zu Lebewesen. Die Theorie der Nichtgleichgewichte ist nicht das Werk eines Einzelnen oder einer kleinen Gruppe, deren Namen alle kennen. Entsprechend haben diese Wissenschaftler auch nicht den gleichen Kultstatus wie zum Beispiel Einstein, der die Relativitätstheorie entwickelte. Es gibt auch kein umfassendes Axiomensystem und die Physik der Nichtgleichgewichtsprozesse entzieht sich weitgehend einer exakten mathematischen Beschreibung. Sie ist eine phänomenologische Wissenschaft, wobei Physiker, Chemiker, Biologen, Mediziner und viele andere ihren Beitrag leisten. Man darf dabei erwarten, dass noch eine ganze Anzahl von empirischen Gesetzten gefunden wird, die das Verhalten solcher komplexer Systeme beschreiben. Beispiele wären Aussagen über die Wahrscheinlichkeit von Lawinenabgängen oder über die längerfristige Wetterentwicklung.

Science Fiction

Es liegt wohl in der Natur des Menschen, dass er einmal Erkanntes verallgemeinern will. Dies gilt für philosophische und naturwissenschaftliche Erkenntnisse. Dabei werden die Vorstellungen, die für ein bestimmtes Fachgebiet ihre Richtigkeit haben, auf andere Sachverhalte angewandt, wobei dann kuriose Ansichten oder spannende Science Fiction-Geschichten entstehen, die aber einer kritischen Betrachtung nicht standhalten. Hier seien einige dieser kuriosen Beispiele erwähnt.

Ein wichtiger Fortschritt in der Thermodynamik war die Einführung des Entropiebegriffs und die Formulierung des zweiten Hauptsatzes. Er besagt, dass in einem abgeschlossenen System bei Änderung des Zustands (Druck, Volumen) die Entropie zunimmt. Sie ist ein Mass für die Unordnung einer Vielzahl von Teilchen, die sich unregelmässig bewegen und sich gegenseitig stossen. Seit Ludwig Boltzmann wird die Entropie als Wahrscheinlichkeit eines Zustands verstanden. Eine identische Aussage des zweiten Hauptsatzes lautet, dass ein Perpetuum mobile zweiter Art unmöglich sei.

Der Entropiebegriff ist für die meisten Leute schwer verständlich. Hat man ihn akzeptiert und internalisiert, dann versucht man ihn gerne auf alles und jedes anzuwenden. Das tun die bis heute überlebenden Energetiker, die der Entropie – mindestens gedanklich – auch stoffliche Eigenschaften zuschreiben[14]. In neuerer Zeit wenden sie den Entropiebegriff auch auf offene Systeme an. Der Mensch ist zum Beispiel im Sinne der Energetik kein von seiner Umgebung abgeschlossenes System. Damit er nicht an ‚Entropieverstopfung' stirbt, muss er bei konstanter Körpertemperatur Entropie an die Umgebung abgeben. Welche Teilchen – und wären es masselose Teilchen wie Photonen – Träger dieses Entropieflusses sind, wird nicht ausgesagt. Solche Vorstellungen sind aber nur mit Mühe mit der statistischen Interpretation der Entropie vereinbar. Danach wäre die Entropieabgabe mit einem Wahrscheinlichkeitsstrom gekoppelt.[15]

Eine weitere Geschichte, die immer wieder erzählt wird, stammt von Verehrern von Nicola Tesla. Dieser soll Versuche unternommen haben, um direkt mit einer Antenne Energie aus dem

Äther abzuziehen und so ein Perpetuum mobile zu konstruieren. Seine Anhänger glauben fest daran, dass ihm das trotz des zweiten Hauptsatzes gelungen sei. Nachdem man die Existenz des Äthers nicht nachweisen konnte und die Ätherhypothese über Bord geworfen wurde, griff man auf eine bis heute unbekannte Art von Teilchen zurück, die als ‚Tachyonen' bezeichnet wurden. Sie sollen eine imaginäre Masse besitzen, sich schneller als Licht bewegen und sehr energiereich sein. Damit gäbe es eine unbegrenzt verfügbare Energie, die nur entsprechend umgeformt und nutzbar gemacht werden müsste. Man könnte nun versuchen, die Tachyonen mit der dunklen Materie oder der dunklen Energie gleichzusetzen, von der viele Wissenschaftler annehmen, dass sie existiere. Namhafte Astronomen gehen davon aus, dass dunkle Materie notwendig sei, um gewisse kosmische Vorgänge zu interpretieren. Möglicherweise lebt also der Tachyonen-Mythos neu auf. Die Esoteriker sehen schon heute an vielen Orten positive Wirkungen der Tachyonen-Energie (Harmonisierung von Erdstrahlen, Vitalisierung von Nahrungsmitteln oder Naturheilprodukten, Neutralisierung von Elektrosmog und Ähnliches). Offenbar versucht man Phänomenen, die eher der individuellen psychologischen Befindlichkeit von Menschen zuzuordnen sind, eine naturwissenschaftliche Deutung zu geben.

„Beam me up, Scotty!" - Dieser Spruch aus der Kultserie Star Trek (Raumschiff Enterprise) ist längst zu einem geflügelten Wort geworden. Damit sind wir mitten drin in der Science Fiction. Der physikalische Hintergrund liegt im Teilchen-Welle-Dualismus der Quantenmechanik. Der Mensch mit all seinen Molekülen werde dabei in den Wellenzustand gebracht, wobei sich die Wellen mit Lichtgeschwindigkeit ausbreiten. Am neuen Ort passiert dann der umgekehrte Vorgang und Kirk ist wieder im Raumschiff. Dass so etwas mit Photonen möglich ist, ist wissenschaftlich erwiesen, wobei Photonen voneinander nicht unterscheidbar sind. Sie haben keine individuelle Existenz. So etwas auf Lebewesen zu übertragen, die hochkomplex und aus der mittleren Dimension stammen, bei der die Physik des Nichtgleichgewichts gilt, ist zwar ziemlich kühn, aber es gibt spannende Unterhaltung. Und auch das braucht der Mensch[16].

Auch die Allgemeine Relativitätstheorie regt die Fantasie der Science Fiction-Autoren an. Da könnten Wurmlöcher existieren, die eine Reise in die Vergangenheit ermöglichen. - Oder es könnte möglich sein, Distanzen von einigen Lichtjahren in kurzer Zeit zu überwinden, indem man durch ein solches Wurmloch schlüpft. Es scheint, dass die Relativitätstheorie dies zulässt, wie selbst Stephen Hawking berichtet. Einer solchen Reise in die Vergangenheit eine Realität zuzusprechen, die für Raumschiffe und Menschen gilt, die aus der chaotischen Alltagswelt stammen, ist aber doch etwas verwegen. Und wer weiss, vielleicht entwickelt später ein ebenso genialer Geist wie Einstein eine mathematische Formulierung für kosmologische Vorgänge und zur Erklärung der Gravitation, die keine Wurmlöcher enthält.

7.3 Babylonische Wissenschaften

<u>Reduktionismus und Emergenz</u>
Feynman, einer der bedeutendsten Physiker des 20. Jahrhunderts, hat zum Verhältnis der Mathematik zur Physik bemerkt, dass die Physiker die babylonische Mathematik bevorzugen, die vor allem Praktikerregeln zur Berechnung verschiedener Vorgänge beinhalte. Trotzdem glaubte er, dass es bald gelingen werde, der Physik ein Gesetz – das ‚Gesetz der Physik' – zu-

grunde zu legen. Aus diesem einen Gesetz könnten dann alle übrigen Gesetze abgeleitet werden. Einstein hat sich in seinen späteren Lebensjahren bemüht, eine solche Weltformel zu finden, was ihm aber nie gelungen ist. Auch der berühmte Stephen Hawking engagiert sich hier heftig. Als Anhänger einer voll deterministischen Welt, die sich mathematisch beschreiben lässt, glaubt er, dass wir uns dem Augenblick nähern ‚da wir Gottes Plan erkennen' und dass das Ende der Wissenschaft kurz bevorstehe.

Auch die Experimentalphysiker möchten gerne wissen, „Was die Welt, im Innersten zusammen hält!"[17] Dabei suchen sie nach immer kleineren und fundamentaleren Teilchen: Atome, Protonen, Neutronen, Quarks, Gluonen, Higgs Teilchen, Strings[18]. Diese reduktionistische Sicht findet man auch in der Biologie: Zelle, Zellkern, Chromosomen, DNA und Gene als Träger von Information. Ziel ist es, mit Hilfe der Gene alle Erscheinungsformen (und Krankheiten) von Lebewesen zu erklären. In der Biologie ist in dieser Hinsicht noch viel zu tun und man darf viele positive Ergebnisse erwarten. Die Suche nach dem letzten Grund, nach der letzten Ursache, ist tief im Menschen verwurzelt, wie das auch aus der Philosophie und der Theologie erkennbar ist.

Allerdings stösst man bei diesem Unterfangen immer wieder an Grenzen. Gene sind nicht Perlen auf der DNA und nicht jedes Gen ist die Ursache für ein genau zu beobachtendes Phänomen. Oft spielen mehrere Gene oder Gensequenzen eine entscheidende Rolle, und auch die konkrete Umwelt darf nicht vernachlässigt werden. Die immer exotischer werdenden ‚Teilchen' oder ‚Fäden' in der Physik sind höchstens aufgrund von Spuren beobachtbar, die man aber nur so interpretieren kann, wenn man vorher an die reale Existenz dieser aus mathematischen Modellen geforderten Wesen glaubt. Weder theoretisch noch experimentell konnte man die letzte Ursache finden; es wird aber nicht an Anstrengungen und Investitionen fehlen, um eines Tages dieses Ziel zu erreichen.

Nebst der reduktionistischen Sicht gibt es aber auch die systemische Sicht, die davon ausgeht, dass das Ganze mehr ist als die Summe der Teile. Emergente[19] Eigenschaften wie die spontane Herausbildung von Phänomenen oder Strukturen auf der Makroebene eines Systems lassen sich dabei nicht auf die Eigenschaften der Elemente zurückführen. Der Nobelpreisträger R.B. Laughlin spricht deshalb vom ‚Abschied von der Weltformel'. Er sagt: *„Die Natur wird nicht allein durch eine Grundlage von Gesetzen auf mikroskopischer Ebene gesteuert, sondern durch starke und allgemeine Ordnungsprinzipien. Manche dieser Prinzipien sind bekannt, doch die grosse Mehrheit kennen wir bislang nicht."* Und später: *„Ich bin zunehmend davon überzeugt, dass alle und nicht nur einige der uns bekannten physikalischen Gesetze aus kollektivem Geschehen hervorgehen. Anders gesagt, die Unterscheidung zwischen grundlegenden Gesetzen und den aus ihnen hervorgehenden Gesetzen ist ebenso ein Mythos wie die Vorstellung, das Universum allein durch die Mathematik beherrschen zu können."* So können die Effekte der Festkörperphysik, Phasenübergänge – und vieles andere mehr – nicht aus der Quantenmechanik abgeleitet werden. Ein einfaches Beispiel ist das Gas. Während das Gas als Ganzes über Eigenschaften wie ‚Temperatur' und ‚Druck' verfügt, kann man diese Eigenschaften nicht den Molekülen zuschreiben. Hier sind wir im Gebiet der ‚statistischen Physik'. Chaos-Theorie und Computersimulationen machen zwar vieles verständlich, aber nicht exakt berechen- und prognostizierbar.

Neue Fragestellungen für Philosophen und Theologen
Philosophen und Theologen sind Wissenschaftler, die heute fast ausschliesslich den historischen Kontext ihres Fachgebiets studieren. Da wird zum Beispiel untersucht, ob dort, wo Jesus die Bergpredigt gehalten haben soll, tatsächlich ein Berg vorhanden sei[20]. In der Philosophie wird untersucht, wie ein bestimmter Begriff, zum Beispiel Kausalität, von den verschiedenen Philosophen benutzt wurde. Wer diese Fachgebiete studiert, muss weder ein Priester noch ein Philosoph sein. Wenn Weltanschauung oder Religion Gegenstand von Untersuchungen sind. Dann müssen sie nicht Teil einer persönlichen Überzeugung sein. Es ist nicht verwunderlich, dass viele Vertreter dieser Geisteswissenschaften eher vergangenheitsorientiert sind und sich mit den modernen Naturwissenschaften nicht intensiv auseinandersetzen. Dies führt zu einem bedauerlichen Defizit bei der Aufarbeitung der naturwissenschaftlichen Erkenntnisse. Aber vielleicht können die neueren Erkenntnisse gar nicht in einen grösseren Zusammenhang gebracht werden.

In diese Marktlücke der philosophischen Erkenntnis sind darum andere gesprungen, oft älter werdende Physiker, die ihre neue Sicht der Dinge allgemein ordnen wollen. Einstein wollte kein Philosoph sein, hat aber sein Weltbild erläutert. Durch seine Allgemeine Relativitätstheorie sind die von den Philosophen als a priori gegebenen Begriffe von Raum und Zeit im ursprünglichen Wortsinn relativiert worden. Dabei hatte Einstein ein recht kritisches Verhältnis zu allen Theorien und er wies immer wieder auf ihren fiktiven Charakter hin. Demnach kann nicht alles, was aus der mathematischen Theorie folgt, Anspruch auf reale Existenz erheben. Der Glaube an den Urknall oder an die Wurmlöcher kann deshalb auch nur relativ sein.

Wesentlich stärker als die Relativitätstheorie hat die Quantenphysik die philosophische Diskussion angeheizt. Dies ist verständlich, da die Komplementarität und vor allem der Bruch mit der Kausalität nicht ohne Weiteres hingenommen werden konnten. Bekannt ist, dass sich Einstein mit dem berühmten Satz „Gott würfelt nicht!", gegen diese Schlussfolgerungen wehrte. All die grossen Physiker, welche das theoretische Gerüst der Quantenmechanik erarbeitet hatten, haben sich auch zu den sich neu ergebenden philosophischen Fragen geäussert. Nils Bohr schrieb Texte zum Thema ‚Atomphysik und menschliche Erkenntnis'. Darin setzte er sich mit der Frage auseinander, warum es physikalische Gesetze gibt, die wir mit dem normalen Verstand oder anschaulich nicht begreifen können. Heisenberg und vor allem von Weizsäcker lehnen sich in ihrer Philosophie an Platon und dessen Vorstellungen vom Staat und der Erkenntnis an. Dabei ist das Höhlengleichnis zentral, wobei die Menschen nur die Schatten der wirklichen Dinge sehen. Auch Pauli ist unter die Propheten gegangen. Er wendete die Vorstellung der Komplementarität auf Materie und Geist, auf Physis und Psyche an. Damit akzeptierte er als einer der wenigen Naturwissenschaftler die Gleichwertigkeit der Geisteswissenschaften und deren Erkenntnisse.

Die breite Öffentlichkeit hat sich nur wenig mit dem physikalischen und philosophischen Gehalt der Relativitätstheorie und der Quantenmechanik auseinandergesetzt. Umso mehr haben die technischen Konsequenzen das Leben verändert: Atombombe, Raumfahrt und vor allem Computer! – Demgegenüber hat die Evolution, die mit dem Zufall arbeitet, die Gemüter stark in Wallung gebracht. Schon Platons Ideenlehre ging von unveränderlichen Arten aus, und nach der Bibel hat Gott jede Pflanze und jedes Tier als einzigartiges Wesen geschaffen. Nun soll alles das Resultat zufälliger Mutationen sein, wobei Wesen entstanden, die sich in einer bestimmten Umwelt behaupten konnten?! – Das wollen auch heute noch viele Menschen nicht akzeptieren. Sie fordern dann im Minimum einen verborgenen Plan, der den Zufall auf seinen Endzweck hin – den Menschen als Ebenbild Gottes – steuert. Doch auch hier weist die moderne Entwicklung in die andere Richtung, da Pflanzen, Tiere und letzlich auch der Mensch durch Gentechnik verändert oder geklont werden können. Da ist es schwierig, ein Wirken Gottes anzunehmen. Daher ist es umso wichtiger, die ethischen Forderungen der grossen Religionen ernst zu nehmen. Sie alle fordern Respekt vor dem Leben und die Sorge um die Natur.

Erkenntnistheorie

„Wie wirklich ist die Wirklichkeit?", so lautet die Frage von Paul Watzlawick. Offensichtlich reicht für vieles der normale Menschenverstand nicht aus. Auf der andern Seite nützen uns Relativitätstheorie und Quantenmechanik nur wenig zum täglichen Überleben. Die Evolution hat dafür gesorgt, dass wir unsere Umwelt so wahrnehmen, damit wir den Planeten Erde bewohnen können. In der mittleren Dimension ist die Umwelt dreidimensional und wir nehmen den Pfeil der Zeit wahr. Vergangenheit und Zukunft ist nicht dasselbe. Trotzdem sind Raum und Zeit keine Apriori-Begriffe, wie Lorentz festhält. Das Apriori von Kant ist ein Aposteriori der Evolution. Und man kann mit gleichem Recht behaupten, dass es eine Wirklichkeit, eine Realität gibt, die auch ohne Menschen existiert.

Eine andere Frage ist es, welchen Ausschnitt der Realität wir wahrnehmen und mental verarbeiten können. Gerade hier zeigt es sich, dass wesentliche Fortschritte in der Wissenschaft erst dann erzielt werden konnten, als technische Hilfsmittel neue Untersuchungsmethoden ermöglichten. Dazu ein Zitat aus dem Buch von R.D. Precht[21]: *„Die Frage nach dem, was man über sich selbst wissen kann, die klassische Frage der Erkenntnistheorie also, ist heute nur noch sehr bedingt eine philosophische. Weitreichend ist sie vor allem ein Thema der Hirnforschung, die uns die Grundlagen unseres Erkenntnisapparates und seiner Erkenntnismöglichkeiten erklärt. Die Philosophie erhält hier eher die Rolle eines Beraters, der der Hirnforschung hilft, sich selbst in einem oder anderen Fall besser zu verstehen."* Die Philosophie stellt in vielen Fällen die Fragen, die Hirnforschung versucht dann eine Antwort zu finden. Solche Fragen sind:

– Ist eine objektive Erkenntnis der Welt möglich oder ist die Logik artbezogen?
– Wie funktioniert das Gehirn?
– Gibt es den Dualismus ‚Geist – Körper'?
– Können Gefühle und Denken voneinander getrennt werden?
– Wie steuert uns das Unbewusste?
– Was ist das Gedächtnis?
– Was ist Sprache?

Dabei hat es die Philosophie des Idealismus schwer, der auf die Kraft der Vernunft vertraut, wonach objektives Erkennen möglich sein sollte. Der Materialismus, der sich aus Erkenntnissen der Biologie und der Darwinschen Evolutionstheorie nährte, scheint durch die Hirnforschung voll bestätigt zu werden.

„Was ist Wirklichkeit?" – Anton Zellinger, ein österreichischer Physiker, der Rekorde auf dem Gebiet des experimentellen Nachweises der Quantenphysik aufstellt, wagt die Behauptung: „Wirklichkeit und Information ist dasselbe!"[22] Hier darf man wohl seine Zweifel anmelden. So kann zum Beispiel die Wirklichkeit des Todes kaum auf die Information über den Zustand des Todes reduziert werden. Trotzdem ist die Wahrnehmung der Wirklichkeit stets mit einem Informationsaustausch verbunden. Gegenstände, Mensch und Tier können ‚nicht Nichtkommunizieren'. Und mit jedem Experiment – auch in der Quantenphysik – versucht man, eine Information zu gewinnen.

Aus der zwischenmenschlichen Kommunikation, der Rhetorik und der Werbung weiss man, dass die Botschaft im Gehirn des Empfängers entstehen muss. Der Sender (Gegenstand, Mitmensch) sendet wesentlich mehr an Information aus, als der Empfänger verarbeiten kann. Dieser nimmt somit nur einen Ausschnitt aus der Wirklichkeit wahr.

Bei der Verarbeitung der Information wird der Mensch versuchen, die empfangenen Signale in sein ‚Weltbild' einzubauen. Mit den ererbten Grundanschauungen (Raum, Zeit usw.) baut jeder Mensch von Geburt an sein Weltmodell zusammen. Dabei überprüft er mit jedem Informationsaustausch, ob sein Modell der Wirklichkeit entspricht. Erfahrungen machen und lernen ist gleich bedeutend mit dem Ausbau des persönlichen Modells. Dabei sehen verschiedene Menschen andere Aspekte der gleichen Wirklichkeit. Ein Arzt sieht etwas anderes als ein Künstler, und ein Wissenschaftler hat andere Erfahrungen und entwickelt andere Werk- und Denkzeuge. Unser selbst erarbeitetes Modell entspricht nie vollständig der Wirklichkeit, vieles bleibt im Verborgenen[23]. Auch haben wir die Fähigkeit, unser Modell in Richtungen auszubauen, die nicht durch die Realität überprüft werden können. Dies können Fantasiegebilde sein, aber auch Vorstellungen von Leben, Tod und Leben nach dem Tode. Den

Realitätsbeweis können wir zwar nicht antreten, wir können aber auch nicht sagen, ob es diese Wirklichkeit gibt oder nicht. In der Religion spricht man von göttlicher Offenbarung, die durch Priester und Propheten weiter vermittelt wird. Bei all dem ist es wichtig, dass man dies nicht als Unsinn abtut, da niemand für sich in Anspruch nehmen kann, die alleinige Wahrheit zu besitzen.

7.4 Fortschrittsglaube

Zweifellos haben die Fortschritte in Wissenschaft und Technik unser Leben erleichtert. Und so verwundert es nicht, dass viele Menschen hoffen, mit dem weiteren technischen Fortschritt alle Probleme lösen zu können. Allerdings sind wir auf vielen Gebieten an die Grenzen des Machbaren gestossen; vor allem die Erkenntnis, dass komplexe Systeme nicht vollständig beherrschbar sind.

Von den drei neueren Technologien, Kerntechnik, Gentechnik und Nanotechnik haben zwar echte Fortschritte zum Wohl der Menschheit gebracht, aber noch ist unklar, ob sie Leben und Gesundheit gefährden. Hier sollen zusätzlich vier Problemkreise aufgezeigt werden, die durch den technischen Fortschritt nicht gelöst wurden.

1) Hunger und Armut in der Dritten Welt
Trotz vieler gut gemeinter Anstrengungen konnte dieses Problem noch nie gelöst werden. Der Reichtum der einen und die Armut der anderen stellen ein Ungleichgewicht dar, das sich auch durch den technischen Fortschritt nicht beseitigen lässt. Eine Folge davon sind die Migrationsströme, die zu sozialen

Spannungen in den reichen Ländern führen. Es braucht weltweit neue politische Lösungen. Aber dazu sind die reichen Länder nicht bereit. Und so vergrössert sich die Tragödie.

2) Klimaveränderung

Experten wissen, wovon sie sprechen. Aber viele Politiker vertrauen blind auf den technischen Fortschritt zur Lösung dieses Problems. Er kann zwar einiges beitragen, aber ohne Einsparungen und Änderung der Lebensgewohnheiten wird man die Ziele nicht erreichen. Zyniker möchten aber am liebsten, dass die Leute in den weniger entwickelten Ländern auf die Vorteile und Annehmlichkeiten der Technik, wie zum Beispiel das Auto, verzichten, damit wir im Westen unbesorgt weiter Benzin verbrauchen können. So löst man keine Probleme.

3) Massenvernichtungswaffen

Technologien werden reifer und sind damit immer mehr Allgemeingut. An vielen Orten auf der Welt gibt es Wissenschaftler und Techniker, die genügend Know-how zum Bau von Atombomben besitzen. Die Nichtverbreitung – ein wünschenswertes Ziel – wird dadurch zur Illusion, insbesondere, wenn man bedenkt, dass grosse Staaten politisch erst dann für vollwertig genommen werden, wenn sie selbst mit solchen Waffen drohen können.

4) Umgang mit der Macht

Macht braucht es, um geordnete Verhältnisse aufrechtzuerhalten oder herbeizuführen. Auch westliche Demokratien basieren auf Macht, welche die Gewaltenteilung (Executive, Legislative, Jurisdiktion) respektiert und durch Wahlen legitimiert wird. Allerdings können erfolgreiche Modelle nicht ohne Weiteres auf andere Kulturen übertragen werden. Zudem sind viele Mächtige im Westen nicht gegen die Versuchungen der Macht gefeit. Wenn man von der Achse des Bösen spricht und dabei ganze Völker meint, sich selbst aber als die Guten bezeichnet, dann sind Konflikte vorprogrammiert. Machtmissbrauch findet man aber auch bei den vielen ideologischen Predigern, gleich, welcher Religion sie angehören. Auch rigide Moralbegriffe, wie sie zum Beispiel zur Empfängnisverhütung gepredigt werden, sind ein Teil des Machtmissbrauchs. Machtmissbrauch gibt es aber auch im Kleinen, in Unternehmen, in politischen Organisationen, ja oft sogar in der Familie, wobei die Macht nicht ausschliesslich von Männern ausgeht. Macht- und Dominanzstreben sind offenbar tief im Menschen verwurzelt, vielleicht sogar durch die Evolution in den Genen verankert und wir stehen vor einem letztlich unlösbaren Problem. Trotzdem sollte man den Machtmissbrauch auf allen Ebenen so gut es geht bekämpfen.

Trotz des Aufdeckens von Grenzen sollte man aber nicht in einen Kulturpessimismus verfallen. Viel wichtiger ist es, dass wir die positiven Eigenschaften der Menschen, Wissen, Intelligenz, Verantwortungsbewusstsein und soziales Engagement stärken, wobei man sich auch weiter am wissenschaftlichen und technischen Fortschritt freuen darf.

Anmerkungen

1 Vgl. dazu: E. Scheibe: Die Philosophie der Physiker.

2 Asthekar und Bojowald entwickelten die Schleifengravitation als Kombination von Quantenphysik und Allgemeiner Relativitätstheorie. Nach dieser Theorie gibt es keinen absoluten Big Bang. Vor diesem Zeitpunkt existierte ein in sich zusammenfallendes Universum.

3 Vgl. Heisenberg: Der Teil und das Ganze.

4 Vgl. Laughlin: Abschied von der Weltformel.

5 Die Anzahl in einem Zeitintervall zerfallenden Atome ist proportional zur Anzahl vorhandener Atome. Dadurch ergibt sich eine exponentielle Abnahme der radioaktiven Atome, wobei nach der Halbwertszeit nur noch die Hälfte der ursprünglichen Atome vorhanden ist.

6 Vor allem wollte Einstein die Aufgabe einer strengen Kausalität nicht akzeptieren.

7 Der Philosoph Aristoteles stellte die ‚warum'-Frage (warum passiert etwas?). Die Physiker nehmen zu dieser Frage keine Stellung. Sie wollen nur das ‚wie' beantworten (wie gross ist die Anziehungskraft zweier Körper?).

8 Die Wahrscheinlichkeit für das Eintreffen eines Ereignisses berechnet sich aus der Anzahl günstiger Fälle dividiert durch die Anzahl möglicher Fälle.

9 Assoziative Gesetz: $A \cdot (B \cdot C) = (A \cdot B) \cdot C$
Kommutatives Gesetz: $(A \cdot B) - (B \cdot A) = K$; falls $K = 0$ gilt das strenge kommutative Gesetz der normalen Mathematik; in vielen andern Systemen ist K von Null verschieden.

10 Eine wichtige Frage ist, ob es in der Natur universelle Konstanten gibt, die bei jeder Messung den gleichen Wert ergeben. Die meisten Physiker sehen im Planckschen Wirkungs-

quantum h, in der Elementarladung q, in der Boltzmannschen Konstante k und in der Lichtgeschwindigkeit c solche universellen Konstanten.

11   Galilei kopierte das Fernrohr und gab es als seine eigene Erfindung aus!

12   Bei der Schrödingergleichung erhält man zwar ‚nur' die Entwicklung der Wahrscheinlichkeitsamplitude; trotzdem kann man eine Aussage über die Zukunft machen.

13   Gerne wird hier die Geschichte vom Flügelschlag eines Schmetterlings erzählt, der einen Tornado auslösen kann.

14   Dabei wird der Entropie die gleiche Rolle wie der elektrischen Ladung zugewiesen, die in einem Entropiekondensator gespeichert werden kann. Die Temperaturdifferenz zweier Körper wird mit der Spannungsdifferenz gleichgesetzt, die dann den Entropiestrom fliessen lässt. Damit erhält man ein Modell, das für viele Berechnungen nützlich ist und brauchbare Resultate liefert. Trotzdem hat noch niemand den Beweis erbracht, dass es Teilchen mit einer ‚Entropieladung' gibt.

15   Erwin Schrödinger hat den Begriff „negative Entropie" (Negentropie) geprägt und auf lebende Systeme angewendet. Leben ist etwas, das negative Entropie bei Energiezufuhr aufnimmt und speichert. Negentropie entspricht der Freien Energie (nutzbare Energie), die der Organismus verarbeiten kann.

Oft wird ein Bezug zur Informationstheorie nach Shanoon gemacht, wobei dann Negentropie ein Mass für den Informationsgehalt von Zellen oder Genen ist (vgl. E.P. Fischer: Einstein Hawking, Singh & Co.). Die so verwendeten Begriffe führen aber kaum zu einem besseren Verständnis der DNA und den Vorgängen bei der Weitergabe des Lebens.

16   Eine weitere Science Fiction Annahme beim Raumschiff Enterprise ist die Herkunft von Mr. Spock. Er ist ein Vulkanier und hat damit keine Gefühle. Er reagiert immer rein rational. Aus der Hirnforschung weiss man jedoch, das Gefühl

und Denken nicht voneinander trennbar sind (vgl. R.D. Precht: Wer bin ich und wenn ja wie viele?).

17 Zitat aus Goethes Faust.

18 Die Teilchen entstehen während des Experiments durch die Quantifizierung aus den an sich fundamentaleren Feldern. Mit den Namen der Teilchen sollte man aber keine konkrete Vorstellung über das Aussehen der Teilchen verbinden. Hier gilt Ecos Schlusswort aus dem bekannten Roman ‚Der Name der Rose': „Die Rose von einst steht nur noch als Namen, uns bleiben nur nackte Namen."

19 Emergenz: lat. emergere, auftauchen, hervorkommen, sich zeigen.

20 Wahrscheinlich wollte der Evangelist mit dem Wort ‚Bergpredigt' eine fundamentale Aussage machen: Die Richtlinien der Bergpredigt sind ebenso wichtig wie die Zehn Gebote, die Moses auf dem Berg Sinai empfangen hatte.

21 R.D. Precht: Wer bin ich und wenn ja wie viele?

22 Dieser Satz dürfte seine Richtigkeit in der Physik haben. Wenn keine Informationen zu einer Vermutung vorliegen, so hat diese Vermutung keinen Wirklichkeitscharakter in der Physik. Beispiele sind die ‚Verborgenen Variablen' in der Quantenphysik, das ‚Graviton' und die ‚Strings'. Trotzdem soll und darf man Expeditionen ins unbekannte Gebiet vornehmen, um zum Beispiel die ‚Dunkle Materie' oder das ‚Higgs-Teilchen' zu finden. Es ist aber nicht zulässig, eine physikalische Aussage zur Wirklichkeit auf andere Fachgebiete, insbesondere die Geisteswissenschaften, unkritisch zu übertragen.

23 Noch ein Satz von Eco: „Die Ordnung, die unser Geist sich vorstellt, ist wie ein Netz oder eine Leiter, die er sich zusammen bastelt, um irgendwo hinaufzugelangen. Aber wenn er dann hinaufgelangt ist, muss er sie wegwerfen, denn es zeigt sich, dass sie zwar nützlich, aber unsinnig war".

Personenverzeichnis

Abbe Ernst 1840 -1903	Physiker, Leiter der opt. Werkstätten Carl Zeiss. Vervollständigte die geometrische Optik und verbesserte Mikroskop und Prismenfeldstecher.
Albertus Magnus 1193 - 1280	Dominikaner, Scholastiker, Philosoph und Naturforscher; Kommentare zu Aristoteles; hatte grossen Einfluss auf Thomas von Aquin.
Ampère André Marie 1775 - 1836	Frz. Physiker; A.-Gesetz: Zwei parallele, stromdurchflossene Leiter ziehen sich an oder stossen sich ab. Nach ihm benannt ist die elektr. Stromstärke.
Archimedes 287 - 212 v.Chr	Mathematiker und Physiker. Entdeckte das Hebelgesetz und den Auftrieb von Gegenständen im Wasser.
Anaximandros 610 - 545 v.Chr.	Griechischer Naturphilosoph; Begründer der Vier-Elemente-Lehre: Erde, Wasser, Luft, Feuer.
Andrussow Leonid 1896 - 1988	Chemieingenieur; entwickelte das nach ihm benannte Verfahren zur Herstellung von Blausäure durch Oxidation von Ammoniak und Methan.
Aristarchos um 250 v.Chr.	Aristarch behauptete als Erster, dass sich die Erde um die Sonne drehe, allerdings glaubte ihm das niemand; zudem sagte er, dass die Sonne grösser sei als die Erde.
Asthekar A. 1949	Indi. Physiker; Begründer der Theorie der Schleifengravitation.

Aristoteles 384 - 322 v.Chr.	Begann als Schüler Platons und gründete dann die ‚peripatetische' Schule. Seine Lehren haben das wissenschaftliche Denken nachhaltig beeinflusst (Naturwissenschaft, Logik, Kausalität, Ethik).
Avery Oswald 1877 - 1955	erbrachte 1944 den Nachweis, dass die DNA (Desoxyribonukleinsäure) das Material ist, welches die genetische Information enthält.
Avogadro Amedeo 1776 - 1856	Ital. Chemiker. Avogadrosche Gesetz: Gleiche Volumina verschiedener Gase enthalten bei gleicher Temperatur und gleichem Druck die gleiche Anzahl von Teilchen.
Bacon Francis 1561 -1626	Lehnte die Scholastik radikal ab. Er betonte die Wichtigkeit einer empirisch fundierten Betrachtungsweise. Ihm wird der Spruch ‚Wissen ist Macht' zugeschrieben.
Bacon Roger ca. 1219 -1294	Englischer Philosoph und Franziskanermönch. Betonte die Wichtigkeit des experimentellen Vorgehens. Sein wissenschaftliches Hauptinteresse galt der Mathematik und ihrer Anwendung auf die Naturwissenschaften.
Bardeen John 1908 - 1991	Amerikan. Physiker, entwickelte den ersten Transistor; Nobelpreis 56. Gab die quantenmechanische Erklärung der Supraleitung, Nobelpreis 72.
Bassow Nikolai 1922	Sowjet. Physiker. Grundlegende Arbeiten auf dem Gebiet der Quantenelektronik (Maser, Laser). Nobelpreis 1964.

Becher J. J. 1635 – 1682	Arzt und Chemiker. Gewann als Erster Leuchtgas aus Steinkohle
Becquerel Henri 1852 - 1908	Entdeckte, dass Uransalz Photoplatten schwärzte. Gilt zusammen mit P. und M. Curie als Entdecker der Radioaktivität. Nobelpreis 1903.
Bednorz Johannes G. 1950	Gemeinsam mit Karl A. Müller untersuchte er seit 1983 intensiv supraleitende Oxide bei höheren Temperaturen. Nobelpreis 1987.
Bell Alexander Graham 1847 - 1922	Erfinder des Telefons (1875). Mit Hilfe gemieteter Telegrafenleitungen gelang es ihm im Dezember 1876, über 200 Kilometer Distanz zu kommunizieren.
Berne Eric 1910 - 1970	US-amerikanischer Arzt und Psychiater. Er entwickelte die Transaktions-analyse (TA) als psychotherapeutisches Verfahren. Bekannteste Werk: Spiele der Erwachsenen.
Berner-Lee Tim 1956	1989 entwickelte er am CERN das World Wide Web zur Informations-Übertragung im Internet.
Bessel F. W. 1784 - 1846	Astronom und Mathematiker. 1838 erste erfolgreiche Parallaxenmessung zur Entfernungsbestimmung des Sterns 61Cygni.
Binning Gerd 1947	Erfindung des Raster-Tunnelmikroskops zusammen mit H. Rohrer vom IBM Forschungslabor bei Zürich. Dies bildet eine wichtige Grundlage für die Nano-Technologie. 1986 Nobelpreis für Physik.

Boff Leonardo 1938	Brasilianischer Theologe; Franziskaner. Hauptvertreter der Befreiungstheologie; 1985 Rede- und Lehrverbot durch den Vatikan. Alternativer Friedensnobelpreis 2001.
Bohr Niels 1865 - 1962	Dänischer Physiker; Nach ihm benannt wird das Atommodell. Er leistete wichtige Beiträge zur Quantenmechanik und führte den Begriff der Komplementarität (Welle-Teilchen-Dualismus) ein.
Bojowald Martin 1973	Dt. Physiker; arbeitet auf dem Gebiet der Schleifengravitation (Big Bounce statt Big Bang).
Boltzmann Ludwig 1844 -1906	Österreichischer Physiker, bekannt durch die statistische Interpretation der Entropie als Wahrscheinlichkeit des Zustandes eines thermodynamischen Systems.
Bonnani Filippo 1638 - 1725	Stellte 1691 ein Mikroskop zur Durchlichtuntersuchung her. Dabei wurde Licht auf das Objekt fokussiert, was eine deutliche Verbesserung der Auflösung brachte.
Bose Satyendranath 1894 - 1974	Indischer Physiker; Für Teilchen mit ganzzahligem Spin (Bosonen) gilt die Bose-Einstein-Statistik. Bose-Einstein-Kondensate sind makroskopische Quantenobjekte, in denen die einzelnen Atome vollständig delokalisiert sind.
Böttger Johann Friedrich 1682 - 1719	Böttger bekam von August dem Starken in Dresden ein Laboratorium zur Herstellung von Gold. 1706 gelang die Herstellung von Porzellan.

Bosch Carl 1874 - 1940	Dt. Chemiker und Industrieller; gelang die technischen Durchführung der bindenden Ammoniaksynthese in einem katalytischen Hochdruckverfahren („Haber-Bosch-Verfahren'). Chemienobelpreis 1931.
Bragg William Henry 1862 - 1942	Engl. Physiker. Arbeitete zusammen mit seinem Sohn William Laurence Bragg auf dem Gebiet der Kristallstrukturanalyse mit Röntgenstrahlen. Zusammen mit seinem Sohn erhielt er 1915 den Nobelpreis.
Brattain Walter . 1902 - 1987	Entwickelte zusammen mit Bardeen und Shockley an den Bell Labs den ersten Transistor. Nobelpreis 1972.
Braun Karl Ferdinand 1850 - 1918	Dt. Physiker; entdeckte den Gleichrichtereffekt. Entwickelte die Braunsche Röhre (Kathodenstrahlröhre zur Bildwiedergabe). Nobelpreis 1909.
Bunsen Robert 1811 - 1899	Deutscher Chemiker. Entwickelte zusammen mit Kirchhoff die Spektroskopie als physikalische Disziplin.
Bürgi Jost 1552 - 1632	Uhrmacher und Astronom am Hof des Landgrafen von Hessen in Kassel. Er entwickelte zunächst eine Sinustafel und ab 1588 das erste bekannte Logarithmensystem. Gilt als einer der Erfinder der Pendeluhr.
Capecchi Mario 1937	US-amerikanischer Genetiker italienischer Herkunft. Erhielt für die Forschung an der Knockout-Maus zusammen mit Martin Evans und Oliver Smithies 2007 den Medizin-Nobelpreis.

Carnot Sadi 1796 - 1832	Frz. Physiker und Staatspräsident. Untersuchte den Wirkungsgrad einer idealen thermischen Maschine (Carnot-Prozess) und leistete damit einen wesentlichen Beitrag zum zweiten Hauptsatz der Thermodynamik.
Celsius A. 1701 - 1744	Schwedischer Astronom. Führte die nach ihm benannte Temperaturskala ein.
Clausius Rudolf 1822 - 1888	Formulierte den zweiten Hauptsatz der Thermodynamik und führte den Begriff der Entropie ein.
Cooper Leon 1930	Amerik. Physiker; postulierte, dass Elektronen bei tiefen Temperaturen sich zu Paaren binden können, wobei der Spin des so gebildeten Paares Null ist. Diese Paarbindung ist für die Supraleitung verantwortlich. Nobelpreis 1972.
Coulomb Charles A. de 1736 - 1806	Frz. Physiker; demonstriert mit einer Drehwaage die Abstossungskräfte elektrischer Ladungen. Nach ihm ist die physikalische Einheit der elektrischen Ladung benannt.
Curie Marie 1867 - 1934	Für die Entdeckung der Radioaktivität wurden A. H. Becquerel und das Ehepaar Curie 1903 mit dem Physik-Nobelpreis ausgezeichnet. Nach dem tragischen Unfalltod ihres Mannes übernimmt Marie Curie dessen Lehrstuhl an der Sorbonne, 1911 auch Nobelpreis für Chemie.
Daguerre Louis Jacques 1787 - 1851	Franz. Erfinder. Arbeitete auf dem Gebiet der Fotografie. Er entwickelte die Aufnahmen mit Quecksilber und entdeckte die Fixierung mit Natriumsulfat (Daguerreotypie).

Dalton John 1766 - 1844	Britischer Chemiker und Physiker; entwickelte die Atomtheorie, wonach die Materie aus Atomen verschiedener Gewichte besteht, die sich in einfachen Gewichtsverhältnissen miteinander verbinden.
Darwin Charles 1809 - 1882	Engl. Wissenschaftler, begründete die moderne Evolutionstheorie mit der Erklärung, dass die Entstehung neuer Arten durch natürliche Selektion realisiert wird. Seine Arbeiten beeinflussten Biologie und Geologie grundlegend und gewannen auch Bedeutung für das moderne Denken.
de Broglie Louis Prinz 1892 - 1987	Frz. Physiker. Übertrug den dualen Gesichtspunkt des Lichts (Welle – Korpuskel) auch auf Materiewellen und gab eine Vorschrift zur Berechnung der Wellenlänge.
Debye Peter 1884 - 1966	Holländischer Physiker. Entwickelte zusammen P. Scherrer eine Methode zur Strukturbestimmung von Kristallen mit Röntgenstrahlen. Nobelpreis für Chemie 1936.
Descartes René 1596 - 1650	Frz. Philosoph, Mathematiker und Naturwissenschaftler; Begründer des modernen Rationalismus. Cartesianischer Dualismus. Existenz von Geist und Materie. Berühmt ist sein Dictum „*cogito ergo sum*" („ich denke, also bin ich").
Demokrit 460-370 v.C..	Entwickelte als Philosoph die Vorstellung, dass die Materie aus Atomen zusammengesetzt sei.

Dirac Paul Entwickelte eine Fassung der Quantenmecha-
1902 - 1984 nik, die die Matrizenmechanik Heisenbergs und
die Wellenmechanik Schrödingers als Spezial-
fälle enthielt. Er formulierte die Löchertheorie
und sagte die Existenz des Positrons voraus.

Dürer A. Bekannt sind seine Kupferstiche mit feiner
1471 - 1528 Auflösung.

Dürrenmatt Schweizer Schriftsteller; Weltruhm errang
Friedrich Dürrenmatt mit seinen Bühnenstücken (Besuch
1921 - 1990 der alten Dame; Die Physiker).

Edison Erfinder und Geschäftsmann; Versuche, den
Thomas A. Telegraphen zu verbessern, führten zur Erfin-
1847 - 1931 dung des Grammophons. Später entwickelte er
die erste elektrische Glühbirne.

Einstein
Albert
1879 - 1955

Entwickelte die Spezielle und die Allgemeine
Relativitätstheorie. Er gab die richtige
Interpretation für den photoelektrischen
Effekt. Von ihm stammt die Formel $E = m\,c^2$.

Eratosthenes 282 - 202 v.Chr.	Leiter der Bibliothek von Alexandria. Ihm fiel auf, dass die Sonne sich am 21. Juni mittags in einem tiefen Brunnen im Wasser spiegelte. Dabei kam ihm der geniale Gedanke, aus dieser Beobachtung, den Erdumfang bestimmen zu können.
Euklid 330 - 275 v.Chr	Versuchte die Geometrie axiomatisch aufzubauen. Auch der 'Fundamentalsatz der Arithmetik' zum ersten Mal geht auf Euklid zurück. (Jede natürliche Zahl >1 ist entweder eine Primzahl oder kann auf eindeutige Weise als Produkt von Primzahlen geschrieben werden.)
Evans Martin 1941	Britischer Genetiker. Erhielt für die Forschung an der Knock-out-Maus zusammen mit Mario Capecchi und Oliver Smithies 2007 den Medizin-Nobelpreis.
Faraday Michael 1791 - 1867	Einer der grössten Experimentalphysiker. Führte den Begriff des Kraftfeldes ein und entdeckte das Gesetz der elektromagnetischen Induktion.
Fermi Enrico 1901 - 1954	Ital. Physiker; nach ihm benannt sind die Fermionen (Teilchen mit Spin $\frac{1}{2}$), die der Fermi-Dirac-Statistik gehorchen. Auch das Fermi-Niveau ist nach ihm benannt. Ihm gelang die erste kontrollierte Kettenreaktion. Nobelpreis 1938.
Fert Albert 1938	Frz. Physiker. Entdecker des GMR-Effekts (Riesenmagnetowiderstand). Erhielt zusammen mit Peter Grünberg 2007 den Physiknobelpreis.

Feynman Richard P. 1918 - 1988	Gilt als einer der grossen Physiker des 20. Jahrhunderts. Seine anschauliche Darstellung quantenfeldtheoretischer Wechselwirkungen durch Feynman-Diagramme ist heute ein de-facto-Standard. Nobelpreis 1965.
Fibonacci (Leonardo da Pisa) um 1180 - 1241	Rechenmeister in Pisa; gilt als der bedeutendste Mathematiker des Mittelalters. Bekannt sind heute vor allem die nach ihm benannten Fibonacci-Zahlen und der goldene Schnitt.
Fierz Markus. 1912 - 2006	Theoretischer Physiker; Nachfolger von Wolfgang Pauli an der ETH-Zürich.
Fleming Alexander 1881 - 1955	Engl. Bakteriologe; Entdecker des Penicillins. Nobelpreis für Medizin 1945.
Fourier Jean Baptiste 1768 - 1830	Frz. Mathematiker, beschäftigte sich mit der Wärmeleitung. Zur Berechnung entwickelte er spezielle Reihen und Integrale (Fourierreihen).
Franck James 1882 - 1964	Seine Forschungen mit Gustav Hertz führten zum Nachweis der diskreten Anregungsstufen beim Quecksilber. Nobelpreis für Physik 1925.
Friedman Milton 1912 - 2006	Amerik. Ökonom; Vertreter der Chicagoer Schule. Setzte sich für die Freiheit des Einzelnen ein und war gegen staatliche Interventionen. Als Monetarist betonte er die Steuerung der Geldpolitik durch die Geldmenge. Nobelpreis für Wirtschaftswissenschaften 1976.
Friedmann Aleksandr 1888 - 1928	Russ. Physiker. Die Friedmann-Gleichungen beschreiben theoretisch die Evolution des Universums (Krümmung der Raumzeit).

Galen	Nach Galen basierte die antike Medizin auf der
Claudius	Vier Säfte- Lehre des Hippokrates. Er legte die
129 - 200	Wirkung der Säfte den verschiedenen Temperamenten zugrunde: Choleriker, Sanguiniker, Melancholiker, Phlegmatiker.

Galilei Galileo
1564 - 1642

Ital. Physiker. Seine Entdeckungen trugen zur Bestätigung des heliozentrischen Systems bei. Er untersuchte die Fallgesetze und widerlegte die aristotelischen Vorstellungen. Er erkannte, dass die Bewegungsgesetze unabhängig von der Relativbewegung Gültigkeit haben.

| Galton F. | Brit. Naturforscher. Vererbungslehre |
| 1822 – 1911 | (Eugenik), insbes. von Intelligenz und Talent. |

| Galvani Luigi | Versuche mit einer Reibungselektrisiermaschine an Froschschenkeln führten zur Entdeckung der galvanischen Elektrizität. Die Galvanotechnik ist das elektrochemische Verfahren zur Veredelung metallischer Oberflächen. |
| 1737 - 1798 | |

Gates Bill 1955	US-amerikanischer Unternehmer und Programmierer. Gründer und Hauptaktionär von Microsoft. Gates gilt nach neusten Einschätzungen als reichster Mann der Welt.
Gauss Carl Friedrich 1777 - 1855	Mathematiker, Astronom, Geodät und Physiker. Die Gausssche Glockenkurve (Standardnormalverteilung) wird bei vielen Aufgaben zur Wahrscheinlichkeitsberechnung verwendet. Von ihm stammt die Methode der kleinsten Quadrate, bei der es darum geht, die Summe der Quadrate von Abweichungen zu minimieren.
Gay-Lussac Joseph Louis 1778 -1850	Frz. Wissenschaftler; Gesetz über die Ausdehnung von Gasen, das den Zusammenhang von Druck, Temperatur und Volumen eines Gases beschreibt. Dieses Gesetz ist heute nach ihm benannt.
Geiger Hans Wilhelm 1882 - 1945	Dt. Physiker, lebte in England. Bekannt wurde er durch die Entwicklung des „Geigerzählers", der zur Messung der radioaktiven Strahlung eingesetzt wird. Führte mit Masden Streuexperimente durch, die zum Rutherfordschen Atommodell führten.
Geim Andre 1958	Russischer Physiker; arbeitet in England; arbeitet auf dem Gebiet der Nanotechnologie. Für die Herstellung und die Forschung an Graphen erhielt er 2010 den Physiknobelpreis.
Gerlach Walter 1889 - 1979	Dt. Physiker; bekannt ist sein mit Stern durchgeführtes Experiment, womit die Existenz des Spins nachgewiesen werden konnte.

Glauber J. R.　　Dt. Chemiker; stellte 1655 Natriumsulfat her
1604 - 1670　　(Glaubersalz).

Gödel Kurt　　Bedeutendster Logiker des 20. Jahrhunderts.
1906 - 1978　　Gödelscher Unvollständigkeitssatz: In einem
widerspruchsfreien Axiomensystem gibt es
immer Aussagen, die aus diesem weder bewiesen noch widerlegt werden können.

Goethe　　Dichter und Naturwissenschaftler. Kritik an
Johann　　Newtons Beschreibung des Lichts. Naturwis-
Wolfgang　　senschaftliche Studien an Gesteinen und Pflan-
1749 - 1832　　zen "Die Metamorphose der Pflanze".

Grünberg　　Dt. Physiker. Entdecker des GMR-Effekts
P. A.　　(Riesenmagnetowiderstand). Erhielt zusammen
1939　　mit Albert Fert 2007 den Physiknobelpreis.

Gutenberg　　Erfinder des Buchdrucks mit beweglichen
Johannes　　Metall-Lettern. Die Gutenberg-Bibel wird
1400 - 1468　　allgemein für ihre hohe ästhetische und technische Qualität gerühmt.

Haber Fritz　　Dt. Chemiker; entwickelt einen Prozess zur
1868 - 1934　　Stickstoffbindung durch Synthese von Wasserstoff und Luftstickstoff zu Ammoniak („Haber-Bosch-Verfahren'). Chemienobelpreis 1919.

Hahn Otto　　Erforschte mit L. Meitner die Bestrahlung von
1879 - 1968　　Uran mit Neutronen. Ihm gelang die erste
Kernspaltung. Meitner, mit der er im brieflichen Kontakt stand, konnte die erste physikalische Deutung des Vorgangs geben.

Hale George　　US-amerik. Astronom. Baute Spiegelteleskope
Ellery　　zur Erforschung der Sonne und der Sternen-
1868 - 1938　　entwicklung.

Harrison John 1693 - 1776	Uhrmacher; durch Entwicklung einer äusserst präzisen Uhr löste er das Längenproblem (Zeitmessung auf See).
Hawking Stephen 1942	Kosmologe. Durch populärwissenschaftliche Bücher ist er einem breiten Publikum bekannt geworden. Ist im Rollstuhl und kann nur mit Sprachcomputer sprechen.
Heisenberg Werner 1901-1976	 Deutscher Physiker, der als Erster die Gesetze der Quantenmechanik mathematisch erfassen konnte (Matrizenmechanik). Er formulierte die Unbestimmtheitsrelation, wonach Ort und Impuls eines Teilchens nicht gleichzeitig bekannt sein können. Dies hatte auch einen grossen Einfluss auf die Erkenntnistheorie.

Heron von Alexandria ~10 - ~75	Antiker Mathematiker und Ingenieur. In der ‚Dioptra' beschreibt er Geräte zur Feldvermessung. Die Dioptra selbst ist ein Instrument, das die Funktion des heutigen Theodoliten erfüllte.
Herschel Wilhelm 1738 – 1822	Baute eigene Spiegelteleskope. Berühmt wurde er, als er den Planeten Uranus entdeckte.
Hertz Heinrich 1857 - 1894	Seine Erforschungen der Eigenschaften elektromagnetischer Wellen bestätigte die maxwellsche Theorie und war Grundlage für die drahtlose Nachrichtenübertragung. Bedeutend war auch sein Versuch mit Franck, mit dem die diskreten Energieniveaus von Atomen nachgewiesen wurden.
Higgs Peter 1929	Schott. Physiker; entwickelte eine Theorie, welche erklären soll, warum einige Elementarteilchen eine Masse besitzen, andere aber masselos sind. Am CERN plant man Experimente, um die Existenz der sogenannten Higgs-Bosonen nachzuweisen.
Hilbert David 1862 - 1943	Mathematiker und Physiker; Beiträge zur Invarianrentheorie. 1900 stellte er eine Liste von 23 mathematischen Problemen vor. Er nahm an, dass alle mathematischen Probleme eine Lösung hätten. Gödel zeigte später, dass dies nicht möglich ist.
Hildegard von Bingen 1098 - 1179	Benediktinerin (seit 1136 Äbtissin), gilt als erste Vertreterin der deutschen Mystik des Mittelalters. Interessant für Biologie und Medizin sind ihre Abhandlungen über Pflanzen und Krankheiten.

Hippokrates von Kos 460 - 370 v.C.	Berühmtester Arzt des Altertums, gilt als Begründer der Medizin als Wissenschaft.
Hittorf J. W. 1824 - 1914	Dt. Physiker u. Chemiker; Erforschte die Eigenschaft der Kathodenstrahlen.
Hubble Edwin 1889 - 1953	Erbrachte den Nachweis, dass der Andromedanebel weit ausserhalb unserer Milchstrasse liegt. Die Grösse, welche die Expansion des Weltalls beschreibt, wird ihm zu Ehren die Hubble-Konstante genannt.
Huygens Christian 1629 - 1695	Holländischer Physiker. Von ihm stammt die Wellentheorie des Lichtes; studierte Pendelbewegungen und Zentrifugalkraft. Gilt als einer der Erfinder der mechanischen Uhr.
Janssen Pierre Jules 1824 - 1907	Führte die Spektralanalyse in die Astronomie ein. 1868 beobachtete er während einer totalen Sonnenfinsternis das Sonnenspektrum, in dem eine Linie zu finden war, die auf ein neues Element, das Helium, hinwies.
Jordanus Nemorarius 1225 -1260	Mathematiker und Mechaniker; schrieb zahlreiche Bücher über Arithmetik, Algebra, Geometrie und Astronomie.
Josephson Brian David 1940	Engl. Physiker; entdeckte mit 22 Jahren den nach ihm benannten Effekt, wonach zwischen zwei durch eine dünne Trennschicht voneinander getrennte Supraleiter Elektronen (oder Cooper-Paare) tunneln können. Nobelpreis 1973.

Joule James 1818 - 1889	Englischer Physiker. Bestimmte das mechanische Wärmeäquivalent und leistete dadurch einen wichtigen Beitrag zur Fundierung des Energiesatzes.
Kammerlingh Onnes Heike 1853 - 1926	Niederländischer Physiker; stellte als erster flüssiges Helium her und entdeckte das Phänomen der Supraleitung.1913 erhielt er den Nobelpreis für Physik.
Kant Immanuel 1724 - 1804	Deutscher Philosoph. Unterschied zwischen apriori- und aposteriori- Erkenntnissen. Die evolutionäre Erkenntnistheorie (Lorentz, Vollmer) stellt das in Frage.
Kao Charles K. 1933	US-Ingenieur und Physiker chinesischer Herkunft. Arbeitet auf dem Gebiet der „Fiber Optics". Nobelpreis für Physik 2009.
Kelvin (William Thomson) 1824 - 1907	Forschte hauptsächlich in den Gebieten der Elektrizitätslehre und der Thermodynamik. Nach ihm ist die Kelvin-Skala für die absolute Temperatur benannt.
Kepler Johannes 1571 - 1630	Seine drei Gesetze über die Umlaufbahn der Planeten vervollständigten das kopernikanische System und legten den Grundstein für Newtons Gravitationstheorie.
Kirchhoff Gustav 1824 - 1887	Deutscher Physiker, bekannt für seine Gesetze über elektrischen Strom und Wärmestrahlung. Mit Bunsen Begründer der Spektroskopie.
Koch Robert 1843 - 1910	Koch gelang erstmalig den Erreger des Milzbrands in Kulturen zu vermehren. Er entdeckte den Erreger der Tuberkulose und den Cholera-Erreger. Nobelpreis für Medizin 1905.

Kolumbus Christoph 1451 – 1506	Genuesischer Seefahrer in spanischen Diensten, Entdecker Amerikas. Er erreichte am 12. Oktober 1492 die Karibischen Inseln.
Kopernikus Nikolaus 1473 – 1543	Polnischer Astronom, Begründer der heliozentrischen Theorie, welche zur grundlegenden Veränderung des Weltbilds führte.
Kornberg Roger 1947	Am. Biochemiker; grundlegende Arbeiten zur Abschrift der genetischen Informationen des Zellkerns auf die Ribonukleinsäuren (RNA). Nobelpreis für Chemie 2006.
Kuhn Thomas 1922 – 1996	Wissenschaftshistoriker. Er beschreibt Wissenschaft als Wechselspiel zwischen Phasen der Normalwissenschaft und wissenschaftlichen Revolutionen, die zu einem Paradigmawechsel führen.
Lamarr Hedy 1914 – 2000	Hedwig Eva Maria Kiesler; Österr. Filmschauspielerin, nach ihrer Emigration in die USA unter dem Namen Lamarr als Filmstar bekannt. Gilt als Erfinderin des Frequenzsprungverfahrens, welches in der Mobilfunktechnik eine wichtige Rolle spielt.
Laplace Pierre Simon de 1749 - 1827	Frz. Mathematiker und Astronom. Entwickelte die Störungstheorie. Nach ihm benannt: Laplacescher Weltgeist: Mit Hilfe mathematischer Gleichungen kann der zukünftige Verlauf der Welt exakt berechnet werden.
Laughlin Robert B. 1950	Am. Physiker. Arbeiten über den fraktionellen Quanten-Hall-Effekt. Wendet sich gegen den einseitigen Reduktionismus in der Physik, mit dem sich komplexe Systeme nicht verstehen lassen. Nobelpreis 1998.

Lavoisier Antoine 1743 - 1794	Frz. Chemiker; Untersuchungen zur Verkalkung (Oxidation) von Metallen. Widerlegung der Phlogiston-Theorie.
Leavitt Henrietta 1868 - 1921	Astronomin; katalogisiert die Helligkeit der Sterne. Sie bemerkte, dass bestimmte Sterne in ihrer Helligkeit variieren. Die Periode der Schwankungen konnte man zur Abstandsbestimmung nutzen.
Leibniz Gottfried W. 1646 - 1716	Erfand unabhängig von Newton die Differential- und Integralrechnung. Forderte als Philosoph: 'Alles was geschieht, hat seinen hinreichenden Grund!' – In der Quantenphysik gilt dieses Axiom nicht!
Lemaitre George E. 1894 - 1966	Belgischer Astronom, Jesuit; gilt als Begründer der Urknalltheorie (Big Bang), die heute weitgehend akzeptiert wird.
Leonardo da Vinci 1452 - 1519	

Leonardo da Vinci entspricht wahrscheinlich

am meisten dem Ideal des universellen Menschen der Renaissance. Er war in den Naturwissenschaften wie in Kunst und Philosophie bewandert. Er war einer der erfinderischsten und begabtesten Geister, die es je gegeben hat.

Leeuwenhoek Antoni van 1632 - 1723	Erlernte die Kunst des Linsenschleifens und baute sein eigenes Mikroskop. Er lieferte die erste genaue Beschreibung von roten Blutkörperchen und beobachtete Bakterien.
Liebig Justus von 1803 - 1873	Dt. Chemiker; Erfinder des Kali-Apparats; propagierte die Mineraldüngung und erklärte ihre Bedeutung für Qualität und Ertrag der Pflanzen.
Linné Carl von 1707 - 1778	Schwedischer Arzt und Naturwissenschaftler. Entwickelte ein umfassendes System zur Klassifizierung von Pflanzen und Tieren.
Lippershey Jan 1570 - 1619	Brillenmacher. Baute ‚Teleskope'. Gelileo Galilei gelang mit einem Lippershey-Nachbau der astronomische Durchbruch.
Lorentz Hendrik Antoon 1853 - 1928	Mit der Lorentz-Transformation werden Koordinaten zwischen gegeneinander bewegten Systemen umgerechnet (spezielle Relativitätstheorie). Nobelpreis 1902.
Lorenz Konrad 1903 - 1989	Mitbegründer der vergl. Verhaltensforschung, entdeckte die Prägung an der Graugans. Nobelpreisträger für Physiologie 1973.
Mach Ernst 1838 - 1916	Österreichischer Physiker, bekannt für seine Arbeiten zum Gebiet der Strömungslehre. Verneinte die Existenz von Atomen. Vorkämpfer des wissenschaftlichen Positivismus.

Malpighi Marcellus 1628 - 1694	Mit Hilfe des Mikroskops machte er wesentliche Entdeckungen im Bereich der Anatomie. Seine Studien über Insekten führten ihn zur Entdeckung der ‚Malpigischen Gefässe'.
Marconi Guglielmo 1874 – 1937	Pionier der drahtlosen Kommunikation. Gilt als einer der Erfinder des Radios.
Marsden Ernest 1889 - 1970	Engl. Physiker; Professur in Neuseeland. Führte mit Hans Geiger Streuexperimente durch, die für das Rutherfordsche Atommodell grundlegend waren.
Maxwell James Clerk 1831 - 1879	Entwickelte die mathematische Theorie des elektromagnetischen Feldes und war wesentlich mitbeteiligt bei der Entwicklung der kinetischen Gastheorie.
Mayer Robert 1781 - 1878	Der Arzt und Physiker stellte als erster das Prinzip der Energieerhaltung in seiner Allgemeinheit auf. Energie hat keine Quellen oder Senken, sie kann nur gewandelt werden. Ein Perpetuum mobile ist nicht möglich.
McClintock Barbara 1902 - 1992	Erkannte bei Experimenten am Mais den Crossing-over-Effekt, bei dem es zum Austausch von Chromosomen-Abschnitte und damit zum Austausch von genetischer Information kommt. Nobelpreis für Medizin 1983.
Meitner Lise 1878 - 1968	Arbeitete gemeinsam mit Otto Hahn und entdeckten das chemische Isotop Proctatinium; Meitner gab die erste physikalisch-theoretische Deutung für das von Hahn beobachtete ‚Zerplatzen' des Uran-Atomkerns (Kernspaltung), wurde aber beim Nobelpreis übergangen.

Mendel Johann Gregor 1822 - 1884	Augustinermönch; führte an geeigneten Sorten der Erbse Kreuzungsexperimente durch. Dabei entdeckte er die Regeln der Vererbung (Mendelsche Regeln).
Mendelejew Dimitri I. 1834 - 1907	Russ. Chemiker; erarbeitete, unabhängig von Lothar Meyer eine Systematik der chemischen Elemente, die er periodische Gesetzmässigkeit nannte.
Messier Charles 1730 - 1817	Frz. Astronom; suchte und beobachtete den Halleyschen Kometen, beobachtete den Venusdurchgang und entdeckte weitere Kometen.
Meyer Lothar 1830 - 1895	Gilt als Mitbegründer des Periodensystems. Er stellte die Elemente der heutigen Hauptgruppen sortiert nach Atomgewicht in Perioden zu sechs Gruppen nach Wertigkeit zusammen.
Michelson Albert A. 1852 - 1931	Am. Physiker, entwickelte ein Interferometer, um den Einfluss der Erdbewegung auf die Lichtgeschwindigkeit festzustellen. Da ein solcher Einfluss nicht existiert, musste die Ätherhypothese aufgegeben werden.
Milikan R. A. 1868 - 1953	Berühmt für seine Öltröpfchen-Experimente, mit denen er die Ladung des Elektrons ermittelte. Nobelpreis 1923.
Moore Gordon 1929	Mitbegründer von Intel. ‚Moorsches Gesetz': Pro Jahr Verdoppelung der Anzahl elektronischen Bauteile in einem Chip und Verdoppelung der Prozessorleistung alle 24 Monate.

Morley Edward
1838 - 1923

Forschungen zur präzisen Bestimmungen der Dichte und des Atomgewichts von Gasen. 1887 führte er mit Michelson das bekannte Michelson-Morley-Experiment zum Nachweis des Äthers durch.

Müller Karl Alexander
1927

Gemeinsam mit J. G. Bednorz untersuchte er seit 1983 intensiv supraleitende Oxide bei höheren Temperaturen. Nobelpreis 1987.

Newton Isaac
1643 - 1727

Entwickelte die Differential- und Integralrechnung. Er formulierte das Gravitationsgesetz und auf ihn gehen die drei Newtonschen Gleichungen zurück, auf denen die klassische Mechanik beruht. Im gelang mit Hilfe des Prismas die Zerlegung des Lichts und er stellte die Korpuskeltheorie des Lichts auf.

Niepce Joseph 1765 - 1833	Stellte die erste lichtbeständige Fotografie her (Belichtungszeit 8 Stunden).
Nikolaus von Oresme 1325 - 1382	Frz. Philosoph, bekannt für seine Ablehnung der Kosmologie des Aristoteles. Damit war er ein Vorläufer von Kopernikus.
Noether Emmy 1882 - 1935	Gehört zu den Begründern der modernen Algebra. Sie beschäftigte sich hauptsächlich mit der Invariantentheorie.
Novoselov Konstantin 1974	Russischer Physiker; lebt in England. Für die Herstellung und Forschung an Graphen erhielt er 2010 den Nobelpreis in Physik.
Ockham William 1284 - 1349	Franziskanermönch; als Nominalist trat er für eine klare Unterscheidung zwischen Glauben und Wissen ein (Gegensatz zu Thomas von Aquin). Vertrat er die Ansicht, dass Thesen möglichst wenige Axiome voraussetzen sollten, ein Grundsatz, der heute als Ockhams Rasiermesser bekannt ist.
Oersted H. C. 1777 – 1851	Dänischer Physiker, entdeckte die Ablenkung der Magnetnadel durch den elektrischen Strom.
Ohm Georg Simon 1789 - 1854	Dt. Physiker; als Ohmsches Gesetz wird die Proportionalität zwischen Strom und Spannung in einem elektrischen Leiter bezeichnet.
Ostwald Wilhelm 1853 - 1932	Gilt als Begründer und Organisator der physikalischen Chemie. Als Philosoph meinte Ostwald, ähnlich wie Ernst Mach, das Grundprinzip des Lebens in der Energie gefunden zu haben. Chemienobelpreis 1909.

Pacioli Luca
1445 - 1514

Ital. Mathematiker; Franziskaner. Erste geschlossene Darstellung der doppelten Buchhaltung (Venezianische Methode). War mit Leonardo da Vinci befreundet, der seine Abhandlung zum Goldenen Schnitt illustrierte.

Paracelsus
Theophrastus
Bombast
1493 - 1541

Arzt, Alchemist und Mystiker; legendäre Heilungserfolge trugen ihm die erbitterte Gegnerschaft durch etablierte Mediziner ein. Kritisierte die vorherrschende Lehrmeinung der Viersäftelehre nach Galen.

Pauli
Wolfgang
1900 - 1958

Formulierte das Ausschlussprinzip, welches die Struktur der Atomhülle und das periodische System der Elemente erklärt. Er forderte die Existenz des Neutrinos. Seine Kontakte zu C.G. Jung führten zu existentiellen Überlegungen.

Pauling Linus
1901 - 1994

Einer der bedeutesten wissenschaftlichen Denker des 20. Jahrhunderts und Atomwaffengegner. Nobelpreise für Chemie und Frieden. Untersuchte unter anderem die Natur chemischer Bindungen.

Penzias Arno
Allen
1933

Entdeckte zusammen mit R.W. Wilson die Hintergrundstrahlung, die als Indiz für den Urknall gilt. Nobelpreis 1978.

Planck Max
1858 - 1947

Untersuchungen der Strahlung des Schwarzen Körpers führten dazu, dass Licht auch eine Korpuskelnatur haben musste. Er gilt als Begründer der Quantentheorie; nach ihm benannt das ‚Plancksche Wirkungsquantum'.

Platon 427 - 348 v.Chr.	Griechischer Philosoph, bekannt durch seine Ideenlehre und durch das Höhlengleichnis. Diese Denkanschauungen wurden in moderner Zeit durch Heisenberg und von Weizsäcker wieder aufgenommen. Die evolutionäre Erkenntnistheorie widerspricht dieser Vorstellung.
Poincaré Henri 1854 - 1912	Frz. Mathematiker; er entwickelte die Theorie der automorphen Funktionen und gilt als Begründer der algebraischen Topologie. Weitere Arbeitsgebiete waren die algebraische Geometrie und die Zahlentheorie.
Poppers Karl 1902 - 1994	Philosoph; Arbeiten zur Erkenntnistheorie; begründete den kritischen Rationalismus. Nach Popper sollen Theorien frei erfunden und nachher durch Experimente bestätigt oder falsifiziert werden.
Prigogine Illya 1917 - 2003	Russ. Physikochemiker; wichtige Arbeiten im Bereich der Thermodynamik irreversibler Prozesse und der Chaostheorie. Nobelpreis für Chemie 1977.
Prochorow A. 1916 – 2002	Russ. Physiker; grundlegende Arbeiten auf dem Gebiet der Quantenelektronik (Maser, Laser). Nobelpreis 1964.
Ptolemäus Claudius 100 - 170	Griechischer Astronom und Naturwissenschaftler. Verfasste den ‚Almagest', dessen umfassende Darstellung des geozentrischen Weltbilds erst 1543 durch Kopernikus heliozentrische Theorie abgelöst wurde.

Pythagoras von Samos 570 - 510 v.Chr.	Griechischer Philosoph und Gründer einer religiös-philosophischen Bewegung. "Alles ist Zahl" - dieser Satz verdeutlicht, dass er die Zahl als eine die gesamte Natur konstituierende Kraft betrachtete. Der ‚Satz des Pythagoras' verdankt seinen Namen der Zuschreibung durch Euklid.
Riemann Georg F. B. 1826 – 1866	Deutscher Mathematiker; Begründer der Riemannschen Geometrie und damit einer der Wegbereiter von Einsteins allgemeiner Relativitätstheorie.
Rohrer Heinrich 1933 - 2013	Erfindung des Raster-Tunnelmikroskops zusammen mit G. Binning im IBM Forschungslabor bei Zürich. Dies bildet eine wichtige Grundlage für die Nano-Technologie. 1986 Nobelpreis für Physik.
Röntgen Wilhelm C. 1845 - 1923	Entdeckte die nach ihm benannte Strahlung; erhielt im Jahre 1901 als erster den Nobelpreis für Physik. Seine Entdeckung revolutionierte u. a. die medizinische Diagnostik und die Kristallanalyse.
Rubbia Carlo 1934	Ital. Physiker; baute am CERN den LEP-Beschleuniger, die zur Entdeckung neuer Teilchen führte. Nobelpreis für Physik 1984.
Rutherford Ernest 1871 - 1937	Engl. Physiker; entwickelte das erste Atommodell, welches zwischen dem Atomkern und der umgebenden Hülle unterscheidet. Nobelpreis für Chemie 1908.

Salvino degli Armati † 1317	Gilt als einer der Erfinder der Brille. Diese Theorie wurde jedoch 1920 als Fälschung eines Florentiner Lokalpatrioten aus dem 17. Jahrhundert entlarvt. Wer tatsächlich die erste Brille herstellte, ist nicht bekannt.
Scherrer Paul 1890 - 1969	Schweizer Physiker; entwickelte in Zusammenarbeit mit P. Debye eine experimentelle Methode zur Strukturbestimmung von Kristallen mittels Röntgenstrahlen.
Schleiden M. 1804 - 1881	Entdeckte mit Hilfe des Lichtmikroskops zusammen mit Schwann den Zellaufbau von Lebewesen.
Schrödinger Erwin 1887 - 1961	Östr. Physiker; gilt als einer der Väter der Quantenmechanik (Schrödinger-Gleichung). Mit dem Gedankenexperiment ‚Schrödingers Katze' demonstrierte er seine Ablehnung der statistischen Interpretation der Quantenmechanik. Nobelpreis (1933).
Schwann Theodor 1810 - 1882	Entdeckte mit Hilfe des Lichtmikroskops zusammen mit Schleiden den Zellaufbau von Lebewesen.
Shanoon Claude E. 1916 - 2001	Begründer der Informationstheorie. Mit Hilfe des Entropiebegriffs bestimmte er die Kanalkapazität. Von ihm stammt das Abtasttheorem: Die Abtastfrequenz für ein Signal muss mehr als doppelt so gross sein wie die höchste zu übertragende Frequenz.
Shockley William B. 1910 - 1989	Beschäftigte sich mit den Energiebändern von Festkörpern. Entwicklung des Transistors mit Brattain und Bardeen. Nobelpreis 1956.

Sokrates 470 - 399 v.Chr.	Griechischer Philosoph mit grundlegender Bedeutung für die Geschichte der abendländischen Philosophie. Sokrates hinterliess keine Schriften. Als bekanntester seiner Aussprüche gilt: „Ich weiss, dass ich nicht weiss."
Sommerfeld Arnold 1868 - 1951	War Forscher und akademischer Lehrer. Er zeigte auf, wie mit mathematischen Methoden physikalische und technische Probleme gelöst werden konnten.
Smithies Oliver 1925	Amerikanischer Genetiker britischer Herkunft. Erhielt für die Forschung an der Knock-out-Maus zusammen mit Mario Capecchi und Martin Evans 2007 den Medizin-Nobelpreis.
Stelluti Francesco 1577 - 1646	Eine Zeichnung F. Stelluti von 1630 gilt als älteste Zeichnung, die mit Hilfe eines Mikroskops angefertigt wurde. Auf ihr sind drei Ansichten von Bienen sowie Detailvergrösserungen zu sehen.
Stern Otto 1888 - 1969	Physiker; bekannt ist sein mit Gerlach durchgeführtes Experiment, womit die Existenz des Spins nachgewiesen werden kann.
Talbot William H. 1800 - 1877	Gilt als Erfinder des Negativ-Positiv-Verfahrens in der Fotografie, wodurch die Vervielfältigung eines fotografischen Bildes durch Abzüge vom Negativ möglich wurde.
Tartaglias Niccolo Fontana 1500 – 1557	Ital. Ingenieur und Mathematiker; entwickelte das Konzept der zusammengesetzten Bewegung von Geschossen (Ballistik).

Tesla Nikola 1856 - 1943	Elektroingenieur und Erfinder; benutzte Wechselstrom zur Energieübertragung (Edison: Gleichstrom). Er experimentierte mit verschiedenen Beleuchtungssystemen, entwickelte den Tesla-Transformator und Geräte zur kabellosen Stromübertragung (Radio). Tesla: Masseinheit für die magnetische Flussdichte.
Thomas von Aquin 1225 - 1274	Bedeutendster katholischer Kirchenlehrer und Hauptvertreter der Philosophie des hohen Mittelalters (Scholastik). Schuf eine Synthese der antiken Philosophie (Platon und insb. Aristoteles) mit der christlichen Dogmatik.
Thomson Joseph John 1856 - 1940	Physiker, Entdecker des Elektrons. Erforschte die elektrische Leitfähigkeit von Gasen. Nobelpreis 1906.
Torricelli Evangelista 1608 – 1648	Italienischer Physiker, dessen berühmtes Experiment von 1643 zur Erfindung des Barometers führte.
Townes Charles H. 1915	Grundlegende Arbeiten auf dem Gebiet der Quantenelektronik, die zur Konstruktion von Oszillatoren und Verstärkern und auf der Basis des Maser-Laser-Prinzips führten. Nobelpreis 1964.
Turing Alan M. 1912 - 1954	Gilt als einer der einflussreichsten Theoretiker der Informatik. Das von ihm entwickelte Berechenbarkeitsmodell der Turingmaschine hat die gleiche Bedeutung wie der Gödelsche Unvollständigkeitssatz. Während des 2. Weltkrieges war er massgeblich an der Entzifferung der mit der Enigma verschlüsselten deutschen Funksprüche beteiligt.

Tycho Brahe 1546 - 1601	Astronom; Systematische Beobachtungen der Fixstern- und Planetenpositionen und mit den damals präzisesten Instrumenten. Brahe hatte ein eigenes Weltsystem, das ptolemäisch-geozentrische und kopernikanisch-heliozentrische Aspekte vereinte.
Van der Meer Simon 1925	Niederl. Physiker; baute am CERN zusammen mit Rubbia den Beschleuniger, der zur Entdeckung der W und Z Partikel führte. Nobelpreis 1984.
Venter Craig 1946	Biochemiker, der durch das Projekt zur Sequenzierung des menschlichen Genoms bekannt wurde. Direkter Konkurrent des seit 1990 laufenden Human Genom Project.
Virchow Rudolf 1821 -1902	Gründer der modernen Pathologie; Theorie der Zellularpathologie, die besagt, dass Krankheiten auf Störungen der Körperzellen basieren. Setzte sich für eine medizinische Grundversorgung der Bevölkerung ein.
Vollmer Gerhard 1943	Dt. Physiker und Philosoph. Seine Arbeiten zur Evolutionären Erkenntnistheorie machten ihn einem breiteren Publikum bekannt.
Volta Alessandro G. 1745 - 1827	Ital. Physiker; formuliert die Proportionalität von aufgebrachter Ladung und Spannung im Kondensator. Erfindung der ersten funktionierenden Batterie.
von Guericke Otto 1602 - 1686	Begründung der Vakuumtechnik; erfand die Kolbenluftpumpe. Dabei konnte er zeigen, dass Licht den luftleeren Raum durchdringt, nicht aber der Schall.

von Linde Carl 1842 - 1934	Schuf wesentliche Grundlagen der modernen Kältetechnik (Verflüssigung von Luft durch Gegenstromverfahren).
von Weizsäcker Carl F. 1912 - 2007	Dt. Physiker, Philosoph und Friedensforscher; arbeitete während des 2. Weltkriegs am deutschen Programm zur Herstellung von Atombomben. Nach dem Krieg stand die Beschäftigung mit ethischen Fragen und der Verantwortung der Wissenschaftler im Vordergrund.
Watson James D. 1928	Zusammen mit Francis Crick entschlüsselte er die Struktur der DNA, der Erbsubstanz jeglichen Lebens auf der Erde (Doppelhelix-Modell). Von 1988 bis 1992 stand Watson dem Human Genome Project vor.
Watt James 1736 - 1819	Gilt als Erfinder der Dampfmaschine; diese beflügelten in der ersten Hälfte des 19. Jahrhunderts besonders die Eisenindustrie und die Eisenbahn.
Watzlawik Paul 1921 - 2007	Entwickelte eine umfassende Kommunikationstheorie. Jede Kommunikation enthält eine Sachinformation (Inhaltsaspekt) und eine Beziehungsinformation (Beziehungsaspekt). Anhänger des Konstruktivismus.
Wiener Norbert 1894 - 1964	Begründer der Kybernetik. Grundgedanke ist der Regelkreis, der sowohl in technischen Systemen als auch bei lebenden Organismen von Bedeutung ist.
Wilson Robert 1936	Entdeckte zusammen mit A. Penzias die Hintergrundstrahlung, die als Indiz für den Urknall gilt. Nobelpreis 1978.

Young Thomas 1773 - 1829	Konnte experimentell nachweisen, dass manche Phänomene nicht mit Newtons Theorie von Lichtkorpuskeln erklärt werden konnten.
Zeeman Pieter 1865 - 1943	Niederl. Physiker; Entdecker des Zeeman-Effekts: Aufspaltung der Spektrallinien in einem starken Magnetfeld. Nobelpreis 1902.
Zellinger Anton 1945	Österr. Physiker; arbeitet an Anwendungen der Quantenmechanik (Quanteninformatik und -kryptografie).
Zwicky Fritz 1898 - 1974	Astronom; schloss auf die Existenz von dunkler Materie. Entwickelte eine Methodik um aus Ideen konkrete Produkte zu entwickeln (Morphologischer Kasten).

Literaturverzeichnis

Burke J.	Guttenbergs Irrtum und Einsteins Traum. München: Piper 1999
Berne E.	Spiele der Erwachsenen. Reinbeck bei Hamburg: Rowohlt Taschenbuchverlag 1970
Boff L.	Die Botschaft des Regenbogens. Düsseldorf: Patmos 2002.
Capra F.	Wendezeit. Bern, München, Wien: Scherz 1986
Daenzer W.F. (Hrsg.)	Systems Engineering. Köln: Hanstein 1976
Dürrenmatt F.	Die Physiker. Zürich: Diogenes 1985
Eco U.	Der Name der Rose. München: Hanser 1982
Enz C.P.	Pauli hat gesagt. Zürich: NZZ 2005
Feynman R.P.	Vom Wesen physikalischer Gesetze. München: Piper 1990
Fischer E.P.	Aristoteles, Einstein & Co. München: Piper 1995 Leonardo, Heisenberg & Co. München: Piper 2002 Einstein, Hawking, Singh & Co. München: Piper 2004
Fischer E.P.	Das Genom. Frankfurt a. Main: Fischer Taschenbuch 2004
Genz H.	Elementarteilchen. Frankfurt a. Main: Fischer Taschenbuch 2003

Genz H.	Wie die Naturgesetze Wirklichkeit schaffen. Reinbeck bei Hamburg: Rowohlt Taschenbuchverlag 2004
Hinneberg P,	Die Kultur der Gegenwart; Teil 3: Physik. Mit Beiträgen von F. Braun, A. Einstein, H.A. Lorentz, M. Planck, P. Zeemann et al. Leipzig und Berlin: Teubner 1915.
Hawking St.	Das Universum in der Nussschale. Deutsch. Taschenbuchverl. 2001 Der grosse Entwurf. Reinbeck b. Hamburg: Rowohlt 2010
Heisenberg W.	Der Teil und das Ganze. München: Piper 1969
Hellwege K.H.	Einführung in die Physik der Atome. Berlin: Springer 1964
Jay R.	Erfolgsgeheimnis Teambildung. Niedernhausen Ts.: Falken 1998
Joos G.	Lehrbuch der theoretischen Physik. Frankfurt a. Main: Akadem. Verlagsgemeinschaft 1959
Kälin K., Müri P.	Sich und andere führen. Thun: Ott Verlag 1985
Kiefer C.	Quantentheorie. Frankfurt a. Main: Fischer Taschenbuch 2003
Kneubühl F.	Lineare und nichtlineare Schwingungen und Wellen. Stuttgart: Teubner 1995
Kuhn T.S.	Die Struktur wissenschaftlicher Revolutionen. Frankfurt a. Main: Suhrkamp Taschenbuch 1976

Laughlin R.B.	Abschied von der Weltformel. München: Piper 2007
Mason St. F.	Geschichte der Naturwissenschaft. Bassum: Verl. Für Geschichte der Naturwiss. und Technik 1997
Ninck A. et al.	Systemik. Zürich: Verlag Industrielle Organisation 1997
Oesterreicher M. (Hrsg.)	Higlights aus der Nano-Welt. Freiburg i. Br.: Herder Spektrum 2006
Osteroth R.	Erfinderwelten. Berlin: Rowohlt 2008
Paturi F.R.	Die letzten Rätsel der Wissenschaft. München: Piper 2007
Pauling L.	Chemie; Eine Einführung. Weinheim/Bergstr.: Verlag Chemie 1958
Peters T., Waterman R.	In Search of Excellence. New York: Harper & Row 1982
Plate J.	Grundlagen Computernetze; Störquellen. (Internet: netzmafia.de)
Precht R.D.	Wer bin ich und wenn ja, wie viele? München: Goldmann 2007
Prigogine I., Strengers I.	Das Paradox der Zeit. München: Piper 1993
Richter K., Rost J.M.	Komplexe Systeme. Frankfurt a. Main: Fischer Taschenbuch 2002

Rieder, W.	Plasma und Lichtbogen. Braunschweig: Vieweg 1967
Rössler W.	Eine kleine Nachtphysik. Reinbeck bei Hamburg: Rowohlt Taschenbuch 2009
Sager O.	Die Kunst der Balance. Norderstedt: Books on Demand 2007
Sambursky S.	Der Weg der Physik: Texte von Anaximander bis Pauli. Zürich: Artemis 1975
Scheibe E.	Die Philosophie der Physiker. München: Beck 2006
Schulz von Thun F.	Miteinander Reden I, II, III. Reinbeck bei Hamburg: Rowohlt Taschenbuchverlag 1989.
Simonyi K.	Kulturgeschichte der Physik. Leipzig, Jena, Berlin: Urania 1990
Singh S.	Fermats Letzter Satz.München: Hanser 1998 Geheime Botschaften. München: Hanser 1999. Big Bang. München: Hanser 2005
Thirring W.	Gottes Spuren in den Naturgesetzen. Wien: Molden 2004
Ulrich H., Probst G.	Anleitung zum ganzheitlichen Denken und Handeln. Bern: Haupt 1988
Vetter M.	Aufbau betr. Informationssysteme. Stuttgart: Teubner 1986
Vollmer G.	Evolutionäre Erkenntnistheorie. Stuttgart, Leipzig: Hirzel 2002

Watzlawick P. (Hrsg.)	Die erfundene Wirklichkeit. München: Piper 1984
Weber T.P.	Genforschung. Köln: Dumont 2002
Zeilinger A.	Einsteins Schleier. München: Goldmann 2005
Zöfel P.	Statistik für Wirtschaftswissenschaftler. München: Pearson 2003
Züst R.	Einstieg ins Systems Engineering. Zürich: Verlag Industrielle Organisation 1997

Wikipedia, das Lexikon im Internet

Stichwortverzeichnis

a priori 27,100,193
Abakus 40 125
Agronomie 70
Agrotechnik 70,82
Alchemie 44,45
Algorithmus 128,169
Alternativmedizin 16,72
Altersbestimmung 176
Ammoniak 70,81,82,2014,208,216
Analytische Geometrie 38
Anatomie 39,224
Aristotelische Ethik 35,73,98
Armillarsphären 42
Aspirin 82
Astrologie 34,43,47,64
Astronomie 31,34,42,47,49,53,54,
63,64,65,219
Äther 58,60,74,102,118,132,
189,225,226
Atommodell 75,86,87,94,207,215,
224,230
Atomphysik 87,94,99,194
Axiome 26,37,42,50,52,53,78,97,
98,127,128,131,169,173,183,187,
216,227

Ballistik 40,232
Bändermodell 102,103,107,173
Barometer 61,233

Benzolring 82
Betriebswirtschaft 151,164,167
Bioinformatik 129
Biologie 55,70,71,89,129,130,132,
144,168,191,196,210,218
Buchdruck 29,32,40,42,216
Buchhaltung 151,228

Center of Excellence 158
CERN 154,173,206,218,230,234
Chaos 47,92,132,148,185,186,
192,229
Chirurgie 39,75
Chromosomen 56,132,143,
144,191,224
CMOS 106,110
Computertomografie 130
Controlling 153,159,165
Cooper Paare 107,110,209,219
Coulombsches Gesetz 52,173

Dampfmaschine 32,76ff,80,105,
235
Datenmodell 129
Deduktiv 23
Differentialgleichung 128,150,
222,226
Diffusionspumpe 85
Diopter 39

DNA 34,144,145,191,202,205,235
Doppelhelix 144,148,235
Doppelspaltexperiment 96,97,
100,101,174,180
Dunkle Materie 189,203
Dünne Schichten 56,74,90,140

Einstein-Welt 174,184
Elektrodynamik 47,50,51,
107,173,186
Elektronenmikroskop 89,94
Elektronenröhre 88,104
Emergenz 190,203
Energetiker 79,108
Enigma 120,121,128,233
Entropie 28,78,79,107,120,182,
188,202,207,209,231
Erhaltungssätze 28
Erkenntnistheorie 134,195,196,
217,220,229,234,240
Esoterik 189
Eugenik 143,214
Evolution 15,49,71,168,180,194,
195,196,210,213,220,229,234,240
Expertensystem 129

Fallgesetz 9,41,46,214
Farbentheorie 57
Fernrohr 9,23,53,55,185,202
Festkörperphysik 173,192
Fotolithografie 66,105
Fullerene 100,109,141
Fusion 68,85,93,139

Gedankenexperiment 101,177,231
Genetik 124,143,147,208,212,232
Genom 145,149,234,235,237
Gentechnik 145,168,195,198
Gravitation 52,59,73,173,190,220,
Grosshirn 15

Halbleiter 91,94,102,103,104,111,
126,141,172
Haushaltmaschinen 111,112,113
Hebelgesetz 38,39,204
Heilkunde 62,71
Heisenberg-Welt 174,176,180,183
Helikonresonanzen 109
Higgs-Boson 154,166,191,203,218
Hintergrundstrahlung 74,228,235
Hochvakuum 84,85,87,90,92
Hohlraumstrahlung 69

Impetus 20,41
Induktionsgesetz 50,52
Induktiv 23,37
Intelligent Design 49,180
Interferenz 57,58,65,95,96,109,124
Interferometer 57,58,60,225
Internet 14,29,30,52,61,62,120,
122,126,127,156,157,158,163,164,
206,239
Invarianten-Problem 28,227

Josephson-Kontakt 107,219
Jupitermonde 8,23,53,170

Kältetechnik 83,235
Kanincheninsel 115,116,117
Kathodenstrahlen 64,65,75,85,86,
208,219
Kausalität 18,73,94,109,178,179,
180,193,194,201,205
Kernkompetenzen 159
Klimawandel 168
Klonen 147,149,168
Komplementarität 96,97,98,99,
109,148,194,207
Kosmologie 53,227
Kryptografie 120,122,236
Kultur 161
Kybernetik 113,114,235

Laser 62,68,74,205,229,233
LEP, LHC 154,230
Logistische Gleichung 115,116,132
Lokalität 101,169

Magnetismus 50
Magnetkompass 47
Magnetresonanz 130
Magnetron 88,91
Massenspektrometer 90,94,176
Matrizenmechanik 97,99,211,217
Meilenstein 153
Metallguss 40
Metamaterialien 141,148
Metaphysik 80
Mikroskop 55,56,90,94,130,204,
207,223,224

Mobiltelefon 135
Molekularbiologie 144,168
Moorsches Gesetz 105
Morphologie 115

Nanotechnik 90,139,140,142,
143,198
Navigation 47,48
Negentropie 202
Netzwerk 162
Newton-Welt 172,173,176
Nominalismus 20

Ökologie 70

Paradigma 21ff,31,34,49,61,78,
97,169,174,221
Pauli-Prinzip 87,107,108
Pendel 24,41,46,74,208
Periodensystem 87,225
Phlogiston 44,45,222
Photon 63,102,154,188,190
Plasma 68,92,93,108,109,240
Prisma 57,226
Projektmanagement 151

Quadrivium 31
Quantencomputer 106
Quantenmechanik 47,69,102,169,
175,176,189,192,194,207,211,217,
231,236

Radioaktivität 65,66,88,99,138,176, 201,206,209,215
Rastertunnelmikroskop 89,90, 130,140
Reduktionismus 190,221
Regelung 111,114,159
Relativitätstheorie Allgemeine 59, 60,171,177,190,193,211
Relativitätstheorie Spezielle 27,58, 173,223
Röntgenstrahlen 64,65,86,208,210, 231
Roulette 178

Schmiedekunst 31ff,39,40,70
Schrödingers Katze 99,100,109, 231
Science Fiction 60,164,187ff,202
Sextant 42,45,47,48,49
Signifikanz 182
S-Kurve 135
Solvay 81
Spektroskopie 67,68,86,208,220
Spin 75,94,101,107,148,207, 209,212,215,232
Sputtering 90,91,92,139
SQUID 84,107
Statistik 28,181,182,207,212,241
Steuerung 111,164,213
Strategie 148,159
Supraleitung 83,205,209,220
Systembiologie 130
Systems Engineering 152,155,241

Tachyonen 189
Teleskop 53ff,74,105,177,216
Thermodynamik 10,28,77,78,81, 120,173,182,188,209,220,229
Transaktionsanalyse 132,206
Transistor 104,105,110,205,208, 231
Trial and Error 180
Triode 88
Trivium 31
Turing-Maschine 128,169

Unbestimmtheitsrelation 27,95,96, 97,169,174,217
Unvollständigkeitssatz 37,71, 127,169,183,216,233
Urknall 60,64,74,168,171,180, 193,222,228,235

Venture 156,157,158,167
Verborgene Variablen 101
Verschränktheit 96,99
Vitriol 81
Volkswirtschaft 10,35,135,137

Waage 39,41,44,49,61,209
Wahrscheinlichkeitsinterpretation 96,99,100
Weltformel 191,192,201,239
Wikileaks 122
Wirtschaftswissenschaften 213,241
Wurmloch 190

Zeemaneffekt 75, 236, 238
Zeitreisen 60
Zerstäubung 86, 91, 139

Zonenschmelzen 102, 104

Otto Sager

Physik in nullter Näherung

Wissen – Vermutung – Spekulation

© 2014 Otto Sager, CH-8125 Zollikerberg
Herstellung und Verlag: BoD - Books on Demand GmbH, Norderstedt
ISBN-13: 978-3-7357-9169-6

Schon oft hat man das baldige Ende der Physik vorhergesagt, da schon alles bekannt sei. Auch heute sprechen namhafte Physiker von der ‚Theorie von allem', aus der dann alle Naturgesetze abgeleitet und alle Phänomene erklärt werden könnten. Doch Vieles, was heute der Allgemeinheit als ‚wissenschaftlich' vorgestellt wird, ist nichts anderes als Spekulation und entzieht sich einer experimentellen Überprüfung. Dies gilt sowohl für die Teilchenphysik als auch für die Kosmologie. Dabei aber hat man andere Naturgesetze, die unsere konkrete Umwelt bestimmen, ausser Acht gelassen. Viele Ordnungsphänomene entstehen nur durch das Zusammenwirken einer Vielzahl von Elementen. Dies ist die emergente Sicht der Physik, die im zweiten Teil des Buches beschrieben wird. Komplexe Vorgänge in der Natur sind noch wenig erforscht, und die Frage nach der Entstehung des Lebens bleibt unbeantwortet. Unser Wissen über die Natur steckt über weite Strecken immer noch in der nullten Näherung. ‚**Das Suchen nach Ordnung ist der Anfang der Wissenschaft**', so lautet deshalb das Motto zu diesem Buch, und das Suchen und die Wissenschaft ist noch lange nicht am Ende.

Inhalt

Vorwort

Teil I Glaubenssätze und reduktionistische Sicht der Physik

1 Die zentrale Bedeutung der Messapparatur
Ingenieur-Physiker – Beispiele wichtiger Leistungen – Die zentrale Bedeutung der Messapparatur – Homo faber

2 WARUM und WIE?
Die Emanzipation der Physik – Glaubenssätze in den verschiedenen Welten – Die grossen Erhaltungssätze – Komplexe Systeme

3 Griechische und babylonische Mathematik
Griechische Mathematik – Der Seeweg nach Indien – Mathematische Physiker

4 Fundamentale Naturkonstanten
Zwei fundamentale Gesetze – Fundamentale Konstanten – Masseinheiten und Eichnormale – Wie konstant sind die Naturkonstanten?

5 Das Standardmodell der Elementarteilchen und Schrödingers Kätzchen
Morphologie – Der Weg zum Standardmodell – Die Geschichte von Schrödingers Kätzchen – Die grossen Beschleuniger – Die grosse vereinheitlichte Theorie

6 Die unverstandene Dunkle Energie
Der Nobelpreis für Physik 2011 – Die Urknall–Hypothese – Plausibilitäten – A star is born?! – Alternative Szenarien

7 Das Neutrino als Spielverderber
Natürliche Radioaktivität – Die Crux mit den Erhaltungssätzen – Speedy Gonzales – Alternative Modelle – Konstruierte Wirklichkeit

8 Der Weg der Physik
Vom Mythos zum Logos – Vermeidung von Störeffekten –
Der Sieg der Mechanik – Quantenfeldtheorie – Der klassische
Grenzfall – Weltmodelle – Logos oder Mythos?

Teil II Die Suche nach Ordnung in emergenten Systemen

9 Kausalität und Lokalität
Paradoxie des Haufens – Lokalisierung makroskopischer
Gegenstände – Experiment und Kausalität – Quanteneffekte
in der Newton-Welt – Emergenz und Wechselwirkungen

10 Laughlins Neuerfindung der Physik
Auswirkungen von Erfindungen – Das Zeitalter der Emergenz
– Neuinterpretation der Newton-Welt – Ostwald-Boltzmann-
Newton-Laughlin – Metallische Leitfähigkeit – Von der
Newton- zur Einstein-Welt – Der Hochmut der Physiker

11 Physik der Nichtgleichgewichte
Abgeschlossene und offene Systeme – Deterministisches
Chaos – Komplexe Systeme

12 Komplexe Phänomene
Was heisst hier ‚komplex'?– Zurück zum Sandhaufen –
Phasenübergänge – Tierpopulationen – Reaktions-Diffusions-
Systeme – Komplexe Quantensysteme

13 Wie entsteht Komplexität?
Mathematische Modelle – Potenzgesetze und Fraktale – Lo-
gistische Gleichung und Apfelmännchen – Zelluläre
Automaten – Das Spiel des Lebens – Zurück zur Natur – Die
vierte Dimension des Lebens: Fraktale Struktur von
Organismen

14 Vom Wert des Sammelns
Kosmologie – Chemie – Biologie – Pharmazie – Voraus-
setzungen für den wissenschaftlichen Fortschritt –
Schönheit der Natur

15 Was weiss man von der Realität?
Was ist Physik? – Der wissenschaftliche Realismus – Modellabhängiger Realismus – Naturgesetze und Wirklichkeit – Information und Wirklichkeit

16 Raum und Zeit – Raumzeit
Wie viele Dimensionen hat unsere Welt? – Newton und Leibniz – Spezielle Relativitätstheorie – Allgemeine Relativitätstheorie in nullter Näherung – Zurück ins Raumland

17 Das menschliche Hirn als emergentes System
Die Newton-Goethe-Debatte – Wie ist es, ein Flughund zu sein? – Hirnforschung und Philosophie – Wie wirklich ist die Wirklichkeit? – Ordnung und Sinn

Epilog
Wissen – Vermutung – Spekulation – Initium sapientiae timor Domini

Anhang

Fundamentale Konstanten

Masseinheiten

Glossar/Stichwortverzeichnis

Personenverzeichnis

Literaturverzeichnis

www.ingramcontent.com/pod-product-compliance
Lightning Source LLC
Chambersburg PA
CBHW050051230526
45470CB00004B/1487